C语言程序设计
学习指导及上机实验

主　编◎常子楠
副主编◎刘　晶　陆雨花
　　　　毕媛媛　孙　垚

 南京大学出版社

图书在版编目(CIP)数据

C 语言程序设计学习指导及上机实验 / 常子楠主编
. —南京：南京大学出版社，2023.8
ISBN 978 - 7 - 305 - 27101 - 4

Ⅰ. ①C… Ⅱ. ①常… Ⅲ. ①C 语言－程序设计 Ⅳ.
①TP312.8

中国国家版本馆 CIP 数据核字(2023)第 113677 号

出版发行　南京大学出版社
社　　址　南京市汉口路 22 号　　　　　邮　　编　210093
出 版 人　王文军

书　　名　C 语言程序设计学习指导及上机实验
主　　编　常子楠
责任编辑　王秉华　　　　　　　　编辑热线　025 - 83592655
照　　排　南京开卷文化传媒有限公司
印　　刷　江苏凤凰通达印刷有限公司
开　　本　787 mm×1092 mm　1/16　印张 9.75　字数 238 千
版　　次　2023 年 8 月第 1 版　2023 年 8 月第 1 次印刷
ISBN　978 - 7 - 305 - 27101 - 4

定　　价　30.00 元
网　　址：http://www.njupco.com
官方微博：http://weibo.com/njupco
微信服务号：njuyuexue
销售咨询热线：(025)83594756

前　言

随着信息社会的发展,编程已经成为很多行业的基本技能,C 语言是高级语言中非常重要的一门结构化程序设计语言。通过系统学习 C 语言的基本知识和语法,可以较好地让学生熟悉结构化程序的设计思想,训练学生解决问题的逻辑思维能力以及编程思路和技巧,使学生具有较强的 C 语言编写能力。本书作为《C 语言程序设计》课程的配套学习用书,包含教学大纲、章节习题和实验指导三部分。

教学大纲部分包含了课程的性质、目的和要求,重点分析了每章教学的基本要求、重点和难点,帮助学生明确学习内容,同时给出了课时分配建议和教学参考书建议。

章节习题部分与教学过程配套,设置了选择题、程序填空题、程序改错题和程序设计题,题型借鉴了全国计算机等级考试试题,可供学生在每章学习结束后练习,以巩固上课所学内容,也可作为参加全国计算机等级考试二级 C 语言的练习内容。

实验指导共分成 4 个部分,初级程序设计只包含顺序结构和控制结构,中级程序设计加入了函数和数组,高级程序设计加入了指针和字符串操作,构造类型程序设计主要针对结构体、链表练习。每部分实验都包括程序填空和程序设计,难度逐渐加大,帮助学生循序渐进,逐步提高分析问题和解决问题的能力。

本书由常子楠主编,课程组老师刘晶、陆雨花、毕媛媛、孙垚共同完成本书的编写。沈奇、张颖、樊静参与了本书的前期准备工作,在此由衷地表示感谢。

限于作者水平,书中难免有不当之处,敬请读者批评指正。

编者

2023 年 2 月

目　录

第一部分

教 学 大 纲

《C语言程序设计》教学大纲
C Language Programming

一、课程的性质、目的与要求

课程性质：必修课、计算机类基础课、主干课

教学目的：通过系统学习C语言的基本知识和语法，让学生熟悉结构化程序的设计思想，较好地训练学生解决问题的逻辑思维能力以及编程思路和技巧，使学生具有较强的C语言运用能力，为培养学生的软件开发能力打下良好基础。

教学要求：通过本课程的学习，应熟练掌握结构化程序设计的基本知识，C语言的基本知识、各种语句及程序控制结构，熟练掌握C语言的函数、数组、指针、结构体、链表等数据结构的基本用法；并能熟练运用C语言进行结构化程序设计；具有较强的程序修改调试能力；具备较强的逻辑思维能力和独立思考能力。

二、教学内容

第一章　C语言概述

基本要求：了解C语言的发展及应用现状，掌握C语言的特点及其编译方法。了解什么是"编程"，以及"编程"的相关步骤。

重点：C语言的特点。

难点：C语言的特点及其编译方法。

第二章　C数据类型

基本要求：了解常量、变量的概念，了解各种类型常量的表示，掌握标识符的命名规则，掌握简单的屏幕输出，掌握C语言的各种数据类型，了解测试数据长度运算 sizeof()，熟练掌握变量的赋值和赋值运算符。

重点：简单的屏幕输出，C语言各种数据类型，变量的赋值。

难点：C语言各种数据类型。

第三章　运算符和表达式

基本要求：了解C语言中运算符和表达式的概念，了解运算符的优先级与结合性，掌握各种运算符的使用，掌握符号常量及宏定义，掌握不同类型数据之间的类型转换，掌握常用的标准数学函数。

重点：算术运算符、自增和自减运算符、关系运算符、逻辑运算符、复合的赋值运算符的使用特点，清楚每种运算符的优先级与结合性及表达式的值。宏定义，不同类型数据之间的类型转换。

难点：自增自减运算符，宏定义的展开，不同类型数据间的运算。

第四章　键盘输入和屏幕输出

基本要求：掌握单个字符的输入/输出，掌握数据的格式化屏幕输出、格式化键盘输入。

重点：scanf()、printf()、putchar()、getchar()函数的使用。

难点：格式化键盘输入。

第五章　选择控制结构

基本要求：了解算法的概念及描述方法，掌握 if 语句(if；if…else…；if…else if…else…)的使用，if-else 语句的嵌套使用，掌握 switch 和 break 语句的使用。

重点：if-else 语句的使用，if-else 语句的嵌套使用，switch 语句及 switch 与 break 语句的结合使用。

难点：if-else 语句的嵌套使用。

第六章　循环控制结构

基本要求：了解 goto 语句的使用，掌握 for 语句、while 语句和 do-while 语句的使用，掌握 break、continue 语句与循环语句的结合使用，循环语句的嵌套使用，循环语句解决算法问题(如数列问题、穷举算法、密码问题等)。

重点：for 语句、while 语句和 do-while 语句的使用，break 和 continue 语句与循环语句的使用，循环语句的嵌套使用。

难点：循环语句的嵌套使用，循环语句解决算法问题(如数列问题、穷举算法、密码问题等)。

第七章　函数

基本要求：了解函数的定义，掌握函数的调用(一般调用、嵌套调用、递归调用)，掌握向函数传递值和从函数返回值，掌握变量作用域和存储类型，掌握静态变量的使用。

重点：向函数传递值和从函数返回值，变量作用域，静态变量的使用，函数嵌套调用和递归调用。

难点：函数的递归和嵌套调用，静态变量的使用。

第八章　数组

基本要求：了解一维数组、二维数组的定义与初始化，掌握数组元素的引用，掌握向函数传递数组，掌握用数组解决统计问题、极值问题、查找与排序问题。

重点：向函数传递数组，使用数组解决统计问题、极值问题、查找与排序等问题。

难点：数组的排序和查找。

第九章　指针

基本要求：理解变量的内存地址，了解指针、指针变量的概念，掌握指针变量的定义与初始化，掌握指针的加减运算和赋值运算，了解指针的关系运算，掌握间接寻址运算符，掌握按值调用和按地址调用，掌握指针和一维数组间的关系，掌握指针和二维数组间的关系，了解函数指针及其应用。

重点：间接寻址运算，按值调用和按地址调用，通过指针实现数组相关算法。

难点：按值调用和按地址调用。

第十章　字符串

基本要求：了解字符串常量的概念，掌握字符串的存储，掌握字符指针，掌握字符串的输入与输出,掌握字符串函数的使用,掌握向函数传递字符串,掌握指针数组及其应用。

重点:字符指针,字符串处理函数,向函数传递字符串,指针数组用于表示多个字符串。

难点:字符串的查找、插入、删除等处理,指针数组用于表示多个字符串。

第十一章　构造数据类型

基本要求:了解自定义类型的定义方法,理解结构体、共同体类型的定义,掌握结构体变量及数组的定义与使用,掌握结构体指针的定义与使用,掌握单链表的定义,单链表的建立及结点的插入、删除运算,掌握枚举类型变量的定义与使用。

重点:结构体类型的声明,结构体变量及数组的定义、初始化、引用,结构体指针的定义与使用,链表的定义,单链表的建立与结点的插入、删除运算,枚举类型变量的定义与使用。

难点:单链表的建立与结点的插入、删除运算,结构体指针的定义与使用。

第十二章　文件

基本要求:了解文件的分类,了解文件函数使用时包含的头文件,掌握文件类型指针的定义,掌握文件打开与关闭函数的使用,熟练掌握文件读写操作函数的使用,掌握部分文件定位函数及检测函数的使用。

重点:文件打开与关闭函数的使用,文件的读写操作。

难点:文件定位及检测函数的使用。

三、课时分配建议

序号	章节	内　　　容	理论环节时数	实验时数	其他环节
1	一	为什么要学C语言	1		
2	二	C数据类型	2		
3	三	简单的算术运算和表达式	2		
4	四	键盘输入和屏幕输出	1	2	
5	五	选择控制结构	4	2	
6	六	循环控制结构	6	2	
7	七	函数	6	2	
8	八	数组	8	4	
9	九	指针	8	4	
10	十	字符串	8	4	
11	十一	结构体和共用体	8	2	
12	十二	文件操作	2	2	
合　　计			56	24	
总学时			80		

四、建议教材与教学参考书

序号	书名	编者	出版社	版本
1	《C 语言程序设计》(第 4 版)	苏小红	高等教育出版社	2019.8
2	《C 程序设计》(第五版)	谭浩强	清华大学出版社	2017.7

第二部分

各 章 习 题

第一章 概 述

一、单项选择

1. 以下说法正确的是(　　)

　　A. 计算机语言分为:高级语言,汇编语言和机器语言

　　B. 计算机语言分为:高级语言,中级语言和低级语言

　　C. 计算机语言分为:智能语言,半智能语言和非智能语言

　　D. 计算机语言分为:高级语言,智能语言和普通语言

2. 关于程序设计的步骤顺序,以下说法正确的是(　　)

　　A. 确定数据结构、确定算法、编码、在计算机上调试程序、整理并写出文档资料

　　B. 整理并写出文档资料、确定算法、确定数据结构、编码、在计算机上调试程序

　　C. 整理并写出文档资料、确定数据结构、确定算法、编码、在计算机上调试程序

　　D. 确定算法、确定数据结构、编码、在计算机上调试程序、整理并写出文档资料

3. 以下叙述正确的是(　　)

　　A. 只要是算法,就可以用来解决任何问题

　　B. 解决一个问题可以有多种不同算法

　　C. 任何数学问题都可以用递归算法解决

　　D. 每个问题只能用一种算法来解决

4. 以下叙述错误的是(　　)

　　A. 算法中每一条指令必须有确切的含义

　　B. 任何能通过编译和运行的算法都一定能得到所期望的结果

　　C. 算法可以用各种描述方法来进行描述

　　D. 一个算法所包含的操作步骤应该是有限的

5. 一个算法应该具有"确定性"等五个特性,下面对另外 4 个特性的描述中错误的是

　　(　　)

　　A. 可行性

　　B. 有穷性

　　C. 有零个或多个输出

　　D. 有零个或多个输入

6. 以下说法错误的是(　　)

　　A. 程序模块化的目的之一是提高程序代码复用率

　　B. 程序模块化的目的之一是提高程序编制的效率

　　C. 程序模块化的目的之一是提高调试程序的效率

　　D. 程序模块化的目的之一是提高程序的执行速度

7. 有如下两个传统流程图(a)和(b):

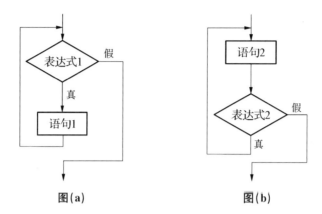

图(a)　　　　　　　　图(b)

以下关于两个流程图特点的叙述正确的是(　　　)

A. 两个表达式逻辑相同时,流程图功能等价

B. 两个表达式逻辑相反时,流程图功能等价

C. 语句2一定比语句1多执行一次

D. 语句2至少被执行一次

8. 以下说法正确的是(　　　)

A. C语言之所以被称为高级语言,是因为C语言很智能,能理解人们的言外之意

B. C语言之所以被称为高级语言,是因为C语言可以识别任何数学公式并自动转换成相应程序

C. C语言之所以被称为高级语言,是因为C语言用接近人们习惯的自然语言和数学语言作为表达形式,使人们学习和操作起来感到十分方便

D. C语言之所以被称为高级语言,是因为用C语言编写的程序,计算机可以直接识别运行

9. 以下叙述正确的是(　　　)

A. 在对一个C程序进行编译的过程中,可发现注释中的拼写错误

B. C语言本身没有输入输出语句

C. 在C程序中,main函数必须位于程序的最前面

D. C程序的每行中只能写一条语句

10. C语言的注释定界符是(　　　)

A. *　　　*\　　　B. { }　　　　　　C. [ ]　　　　　　D. /*　　　*/

11. C语言程序从main()函数开始执行,所以这个函数要写在(　　　)

A. 程序文件的开始

B. 程序文件的最后

C. 程序文件的任何位置(除别的函数体内)

D. 它所调用的函数的前面

12. 一个C程序的执行是从(　　　)

A. 本程序文件的第一个函数开始,到本程序main函数结束

B. 本程序的main函数开始,到main函数结束

C. 本程序的main函数开始,到本程序文件的最后一个函数结束

D. 本程序文件的第一个函数开始,到本程序文件的最后一个函数结束

13. C 语言源程序的基本单位是(　　)

A. 子程序　　　　　　B. 过程　　　　　　C. 函数　　　　　　D. 标识符

14. 以下叙述中正确的是(　　)

A. C 语言中的函数不可以单独进行编译

B. C 语言中的每条可执行语句最终都将被转换成二进制的机器指令

C. C 源程序经编译形成的二进制代码可以直接运行

D. C 语言的源程序不必通过编译就可以直接运行

15. C 语言程序中要调用输入输出函数时,在#include 命令行中应包含(　　　)

A. "ctype.h"　　　　B. "string.h"　　　　C. "stdio.h"　　　　D. "math.h"

16. 完成 C 源文件编辑后到生成执行文件,C 语言处理系统必须执行的步骤依次为(　　　)

A. 连接、编译　　　B. 编译、连接　　　C. 连接、运行　　　D. 运行

17. C 语言源程序名的后缀是(　　　)

A. cp　　　　　　　B. c　　　　　　　C. obj　　　　　　D. exe

18. C 语言源程序文件经过 C 编译程序编译连接之后生成一个后缀为( )的可执行文件
(　　)

A. .obj　　　　　　B. .exe　　　　　　C. .c　　　　　　　D. .bas

第二章　数据类型

一、单项选择

1. 下列选项中,合法的 C 语言关键字是(　　)

    A. VAR　　　　　　B. cher　　　　　　C. integer　　　　　D. default

2. 已知某编译系统中 signed int 类型数据的长度是 16 位,该类型数据的最大值是(　　)

    A. 32767　　　　　B. 32768　　　　　C. 127　　　　　　D. 65535

3. 以下选项中,不能用作 C 语言标识符的是(　　)

    A. print　　　　　B. FOR　　　　　　C. &a　　　　　　D. _00

4. 以下选项中合法的用户标识符是(　　)

    A. _2Test　　　　　B. long　　　　　　C. A.dat　　　　　D. 3Dmax

5. 下列字符序列中,是 C 语言保留字的是(　　)

    A. include　　　　B. sizeof　　　　　C. sqrt　　　　　　D. scanf

6. 以下标识符中,不能作为 C 语言合法的用户定义标识符的是(　　)

    A. signed　　　　B. _if　　　　　　C. to　　　　　　D. answer

7. C 语言中的标识符只能由字母,数字和下划线三种字符组成,且第一个字符(　　)

    A. 必须为下划线　　　　　　　　　B. 可以是字母,数字和下划线中任一字符

    C. 必须为字母　　　　　　　　　　D. 必须为字母或下划线

8. 以下叙述中错误的是(　　)

    A. 用户所定义的标识符应尽量做到"见名知意"

    B. 用户所定义的标识符允许使用关键字

    C. 用户定义的标识符中,大、小写字母代表不同标识

    D. 用户所定义的标识符必须以字母或下划线开头

9. C 语言中的简单数据类型有(　　)

    A. 整型、实型、字符型　　　　　　　B. 整型、字符型、逻辑型

    C. 整型、实型、逻辑型　　　　　　　D. 整型、实型、逻辑型、字符型

10. 以下所列字符常量中,不合法的是(　　)

    A. '\0xa2'　　　　B. '\65'　　　　　C. '$'　　　　　　D. '\x2a'

11. 以下所列的 C 语言常量中,错误的是(　　)

    A. 0Xff　　　　　B. 1.2e0.5　　　　C. 2L　　　　　　D. '\72'

12. C 语言中,字符型(char)数据在微机内存中的存储形式是(　　)

    A. 反码　　　　　B. EBCDIC 码　　　C. ASCII 码　　　　D. 补码

13. 以下选项中正确的实型常量是(　　)

    A. 0.03×10^2　　　B. 32　　　　　　C. 3.1415　　　　　D. 0

14. 以下选项中正确的整型常量是(　　)

    A. 4/5　　　　　　B. 058　　　　　　C. −10　　　　　　D. 1.000

15. 不合法的八进制数是(　　　)

A. 01　　　　　　　　B. 0　　　　　　　　C. 07700　　　　　　D. 028

16. 与十进制数 97 不等值的字符常量是(　　　)

A. '\101'　　　　　　B. '\x61'　　　　　　C. '\141'　　　　　　D. 'a'

17. 下面四个选项中,均是合法浮点数的选项是(　　　)

A. -e3　.234　1e3　　　　　　　　　B. 160.　0.12　e3

C. 123　2e4.2　.e5　　　　　　　　　D. -.18　123e4　0.0

18. 设有说明语句"char　a = '\101';",则变量 a(　　　)

A. 包含 4 个字符　　B. 包含 2 个字符　　C. 包含 3 个字符　　D. 包含 1 个字符

19. 以下字符中不是转义字符的是(　　　)

A. '\\'　　　　　　　B. '\c'　　　　　　　C. '\t'　　　　　　　D. '\b'

20. 已定义 ch 为字符型变量,以下赋值语句中错误的是(　　　)

A. ch = '\xaa';　　　B. ch = NULL;　　　C. ch = '\';　　　　D. ch = 62 + 3;

21. 以下叙述中错误的是(　　　)

A. \与一位八进制数字组合可成为转义字符

B. \x 与一位十六进制数字组合可成为转义字符

C. \与任何一个小写字母组合都可成为转义字符

D. 不能用\与十进制数 88 结合形成转义字符

22. 以下表达式中,其值不等于数值 3 的是(　　　)

A. '3'-'0'　　　　　　B. 'D'-'A'　　　　　C. 0 + '3'　　　　　D. 'd'-'a'

23. 对于 C 语言中的变量,以下叙述正确的是(　　　)

A. 所有变量占用内存的大小是统一的

B. 变量占用内存的大小与变量的类型有关

C. 变量占用内存的大小可以随内容变化

D. 变量占用内存的大小与变量名的长短有关

24. 以下定义语句中正确的是(　　　)

A. int　a = b = 0;　　　　　　　　　B. char a = 65 * 1, b = 'b';

C. float a = b, b = 1;　　　　　　　D. double a = 1.0;b = 2.0;

25. 若有以下程序段,运行结果是(　　　)

```
int a;
a = a + 1;
printf("%d",a);
```

A. 输出 0　　　　　　　　　　　　　B. 输出 1

C. 输出不确定的数　　　　　　　　　D. 编译出错

第三章　运算符和表达式

一、单项选择

1. 若有定义"int a = 100;则语句 printf("%d%d%d\n", sizeof ("a"), sizeof(a), sizeof(3.14));"的输出是(　　)

    A. 238　　　　　　　　B. 218　　　　　　　　C. 328　　　　　　　　D. 421

2. 以下叙述中正确的是(　　)

    A. 对单目运算符来说,运算对象一定在其右侧

    B. 在 C 语言中,常量名也要遵守标识符的命名规则

    C. 变量占用内存,常量不占用内存

    D. 标识符的首字符必须是下划线、字母,其他字符可以是任意的键盘可键入字符

3. C 语言有运算优先级:先乘除后加减,关于算术表达式 a + b + c * d/e 的执行顺序,以下说法正确的是(　　)

    A. 先计算 c * d 得 r1,再计算 r1/e 得 r2,再计算 b + r2 得 r3,最后计算 a + r3 得到最终结果

    B. 先计算 a + b 得 r1,再计算 r1 + c 得 r2,再计算 r2 * d 得 r3,最后计算 r3/e 得到最终结果

    C. 先计算 a + b 得 r1,再计算 c * d 得 r2,再计算 r2/e 得 r3,最后计算 r1 + r3 得到最终结果

    D. 先计算 c * d 得 r1,再计算 r1/e 得 r2,再计算 a + b 得 r3,最后计算 r3 + r2 得到最终结果

4. 在 C 语言中,要求运算数必须是整型的运算符是(　　)

    A. %　　　　　　　　B. /　　　　　　　　C. +　　　　　　　　D. !

5. 以下程序的输出结果是(　　)

```
main()
{ int  x = 10,  y = 3;
    printf("%d\n", y = x/y);  }
```

    A. 不确定的值　　　　B. 0　　　　　　　　C. 1　　　　　　　　D. 3

6. 下列程序的输出结果为(　　)

```
main()
{ int m = 7,n = 4;
    float  a = 38.4,b = 6.4,x;
    x = m/2 + n * a/b + 1/2;
    printf("%f\n",x);  }
```

    A. 28.000000　　　　B. 27.500000　　　　C. 28.500000　　　　D. 27.000000

7. 若变量均已正确定义并赋值,以下合法的 C 语言赋值语句是(　　)

A. 5 = x = 4 + 1;　　B. x == 5;　　　　C. x + n = I;　　　　D. x = n/2.5;

8. 若变量已正确定义并赋值,下面符合 C 语言语法的表达式是(　　)

A. int 18.5%3　　　B. a:= b + 1　　　　C. a = a + 7 = c + b　D. a = b = c + 2

9. 以下叙述中正确的是(　　)

A. 在赋值表达式中,赋值号右边既可以是变量也可以是任意表达式

B. a 是实型变量,C 允许以下赋值 a = 10,因此可以这样说实型变量中允许存放整型值

C. 执行表达式 a = b 后,在内存中 a 和 b 存储单元中的原有值都将被改变,a 的值已由原值改变为 b 的值,b 的值由原值变为 0

D. 已有 a = 3,b = 5。当执行了表达式 a = b,b = a 之后,已使 a 中的值为 5,b 中的值为 3

10. C 语句"x/= y - 2;"还可以写作(　　)

A. x = x/y - 2;　　B. x = 2 - y/x;　　C. x = x/(y - 2);　D. x = y - 2/x;

11. 若 a 为 int 类型,且其值为 3,则执行完表达式 a += a -= a * a 后,a 的值是(　　)

A. -3　　　　　B. 9　　　　　　C. -12　　　　　D. 6

12. 若有以下程序:

```
main()
{ int  k = 2, i = 2, m;
   m = (k += i * = k); printf("%d,%d\n",m,i);    }
```

执行后的输出结果是(　　)

A. 8,3　　　　　B. 6,4　　　　　C. 7,4　　　　　D. 8,6

13. 下列关于单目运算符++、-- 的叙述中正确的是(　　)

A. 它们的运算对象可以是 int 型变量,但不能是 double 型变量和 float 型变量

B. 它们的运算对象可以是任何变量和常量

C. 它们的运算对象可以是 char 型变量、int 型变量和 float 型变量

D. 它们的运算对象可以是 char 型变量和 int 型变量,但不能是 float 型变量

14. 执行语句"y = 10;x = y++;",后变量 x 和 y 的值是(　　)

A. x = 10, y = 11　　B. x = 11, y = 10　　C. x = 11, y = 11　　D. x = 10, y = 10

15. 以下选项中,与 k = n++ 完全等价的表达式是(　　)

A. k = n, n = n + 1　B. n = n + 1, k = n　C. k += n + 1　　　D. k=++ n

16. 设有"int x = 11;",则表达式(x++ * 1/3) 的值是(　　)

A. 3　　　　　　B. 4　　　　　　C. 12　　　　　D. 11

17. 以下程序的输出结果为(　　)

```
main()
{ int  i = 010,j = 10;
   printf("%d,%d\n",++ i,j --); }
```

A. 10,9　　　　　B. 9,10　　　　　C. 11,10　　　　D. 010,9

18. 下列关于 C 语言的叙述,错误的是(　　)

A. 大写字母和小写字母的意义相同

B. 不同类型的变量可以在一个表达式中

C. 在赋值表达式中等号(=)左边的变量和右边的值可以是不同的类型

D. 同一个运算符号在不同的场合可以有不同的含义

19. 设有说明"char w; int x; float y; double z;",则表达式 w * x + z-y 值的数据类型为(　　)

  A. float   B. int   C. double   D. char

20. 以下叙述正确的是(　　)

  A. 因为 double 型比 int 型占内存多,因此将 int 型数据存入 double 型变量时,系统无需进行类型转换

  B. 因为 int 型和 float 型数据都占 4 字节,因此相互赋值时,系统不需要进行类型转换

  C. 将 char 型数据存入 int 型变量时,系统不进行类型转换

  D. 参与运算的数据,只要类型不一致,就会发生数据类型的转换

21. 以下的选择中,正确的赋值语句是(　　)

  A. y = int(x); B. j++;   C. a = b = 5; D. a = 1, b = 2

22. 设 a 和 b 均为 double 型常量,且 a = 5.5、b = 2.5,则表达式(int)a + b/b 的值是(　　)

  A. 6.0   B. 6   C. 5.5   D. 6.5

23. 下列语句的输出结果是(　　)

```
printf("%d\n",(int)(2.5+3.0)/3);
```

  A. 2   B. 1

  C. 有语法错误不能通过编译   D. 0

24. 设有定义"float y = 3.45678; int x;",则以下表达式中能实现将 y 中数值保留小数点后 2 位,第 3 位四舍五入的表达式是(　　)

  A. y =(y * 100 + 0.5)/100.0   B. y =(y/100 + 0.5) * 100.0

  C. y = y * 100 + 0.5/100.0   D. x = y * 100 + 0.5, y = x/100.0

25. 以下叙述中错误的是(　　)

  A. C 语言逻辑运算的结果是 0 和任意非 0 值

  B. C 语言中任意合法的表达式都可以作为逻辑运算的对象

  C. C 语言关系运算的值只有 0 和 1 两种可能

  D. C 语言中用 0 表示逻辑"假",非零表示逻辑"真"

26. 有以下程序

```
main()
{  int a,b,d = 25;
   a = d/10%9; b = a&&(-1);
   printf("%d,%d\n",a,b); }
```

程序运行后的输出结果是(　　)

  A. 6,1   B. 2,1   C. 6,0   D. 2,0

27. 判断 char 型变量 cl 是否为小写字母的正确表达式是(　　)

  A. (cl>=a)&&(cl<=z)   B. 'a'<= cl <='z'

  C. ('a'>=cl)||('z' <= cl)   D. (cl>='a')&&(cl<='z')

28. 设有说明"int x = 1, y = 1, z = 1, c;",执行语句"c =-- x&&-- y||-- z;"后,x、y、z 的

值分别为（　　）

A. 0、1、1　　　　B. 0、0、1　　　　C. 1、0、1　　　　D. 0、1、0

29. 以下程序的输出结果是（　　）

```
main()
{ int a=-1,b=4,k;
  k=(++a<0)&&!(b-- <=0);
  printf("%d%d%d\n",k,a,b); }
```

A. 104　　　　　B. 103　　　　　C. 003　　　　　D. 004

30. 设"int x=1,y=1;"，表达式(!x||y--)的值是（　　）

A. 0　　　　　　B. 1　　　　　　C. 2　　　　　　D. -1

31. 已知声明"int x,a=3,b=2;"，则执行赋值语句"x=a>b++?a++:b++;"后，变量 x、a、b 的值分别为（　　）

A. 3　4　3　　　B. 3　3　4　　　C. 3　3　3　　　D. 4　3　4

32. 若 w=1，x=2，y=3，z=4，条件表达式 w<x?w:y<z?y:z 的值为（　　）

A. 1　　　　　　B. 2　　　　　　C. 3　　　　　　D. 4

33. 设 ch 是 char 型变量，其值为 A，且有下面的表达式"ch=(ch>='A'&&ch<='Z')?(ch+32):ch"，上面表达式的值是（　　）

A. A　　　　　　B. a　　　　　　C. Z　　　　　　D. z

34. 已知有声明"int x=2;"，以下表达式中值不等于 8 的是（　　）

A. x+=2, x*2　　　　　　　　B. x+=x*=x

C. (x+7)/2*((x+1)%2+1)　　　D. x*7.2/x+1

35. 若以下变量均是整型，且 num=sum=7;则计算表达式 sum=num++,sum++,++num 后 sum 的值为（　　）

A. 10　　　　　B. 8　　　　　　C. 7　　　　　　D. 9

36. 设"int a=3,b=4;"，执行"printf("%d,%d",(a,b),(b,a));"后的输出结果是（　　）

A. 3,4　　　　　B. 4,3　　　　　C. 3,3　　　　　D. 4,4

37. 若 x、i、j 和 k 都是 int 型变量，由 x=(i=4,j=16,k=32)得 x 的值（　　）

A. 4　　　　　　B. 16　　　　　C. 32　　　　　D. 52

38. sizeof(float)是（　　）

A. 一种函数调用　　　　　　　B. 一个整型表达式

C. 一个不合法的表达式　　　　D. 一个双精度型表达式

39. 以下叙述中不正确的是（　　）

A. 表达式 a&=b 等价于 a=a&b　　　B. 表达式 a|=b 等价于 a=a|b

C. 表达式 a!=b 等价于 a=a!b　　　D. 表达式 a^=b 等价于 a=a^b

40. 有以下程序：

```
#include <stdio.h>
main()
{ int c,d;
```

```
    c = 10 ^ 3; d = 10 + 3;
    printf("%d,%d\n",c,d); }
```
程序运行的输出结果是(   )

A. 103, 13   B. 13, 13   C. 10, 13   D. 9, 13

41. 有如下程序：
```
#include <stdio.h>
main()
{   int a = 9,b;
    b = (a >> 3)%4;
    printf("%d,%d\n",a,b);}
```
程序运行后的输出结果是(   )

A. 9, 1   B. 4, 0   C. 4, 3   D. 9, 3

42. 有以下程序
```
main()
{   int x = 0.5;
    char z = 'a';
    printf("%d\n", (x &1)&&(z <'z') ); }
```
程序运行后的输出结果是(   )

A. 0   B. 1   C. 2   D. 3

43. 若有以下程序段"int a = 3,b = 4;   a = a ^ b;b = b ^ a;a = a ^ b;",则执行以上语句后,a 和 b 的值分别是(   )

A. a = 4, b = 4   B. a = 3, b = 3   C. a = 3, b = 4   D. a = 4, b = 3

44. 如图所示一平面圆,圆心是(2, 1),半径为1:

以下选项中,判断平面点(x, y)位于圆内时为真的表达式是(   )

A. (x -2)^2 +(y -1)^2 <1   B. (x -2) *(x -2)+(y -1) *(y -1)<1

C. x> 1 &&x <3 &&y> 0 &&y <2   D. abs(x -2)<1 &&abs(y -1)<1

45. 以下叙述中正确的是(   )

A. 在源文件的一行上可以有多条预处理命令

B. 宏替换不占用程序的运行时间

C. 宏名必须用大写字母表示

D. 预处理命令行必须位于源文件的开头

46. C 语言的编译系统对宏定义的处理是(   )

A.和 C 程序中的其他语句同时进行编译的

B. 在程序连接时进行的

C. 在程序运行时进行的

D. 在对源程序中的其他语句进行编译前进行的

47. 下面关于编译预处理的命令行,正确的是(　　)

A. #define float FLOAT　　　　　　B. #DEFINE TRUE 1.0

C. #define PI 3.14159　　　　　　　D. define eps 0.0001

48. 有如下程序

```
#include <stdio.h>
#define SUB(x,y) (x)*(y)
main()
{  int a = 3, b = 4;
   printf("%d\n",SUB( a++,b++ ) ); }
```

程序运行后的输出结果是(　　)

A. 16　　　　　　B. 12　　　　　　C. 20　　　　　　D. 15

49. 有如下程序

```
#include <stdio.h>
#define DIVI(A,B) (A)/(B)
#define MULT(A,B) (A)*(B)
main()
{  printf("%.1f\n",DIVI(MULT(2 + 3,2*3),MULT(5 - 3,4/2.0))); }
```

程序运行后的输出结果是(　　)

A. 6.5　　　　　　B. 7.5　　　　　　C. 7.0　　　　　　D. 6.0

50. 有下列程序

```
#include <stdio.h>
#define D(a,b) a - b *(a/b)
main( )
{      int r;
       r = D(3 + 5,6);
       printf("%d",r); }
```

执行后的输出结果是(　　)

A. 8　　　　　　B. 6　　　　　　C. 2　　　　　　D. -10

第四章　键盘输入和屏幕输出

一、单项选择

1. putchar 函数可以向终端输出一个（　　　）
　　A. 字符串　　　　　　　　　　　　B. 字符或字符型变量值
　　C. 实型变量值　　　　　　　　　　D. 整型变量表达式值

2. 下列程序的输出结果是（　　　）
```
main()
{   char c1 = 97,c2 = 98;
    printf("%d %c",c1,c2); }
```
　　A. a 98　　　　　　B. a b　　　　　　C. 97 b　　　　　　D. 97 98

3. 下列程序段的输出结果是（　　　）
```
int a = 1234;
float b = 123.456;
double c = 12345.54321;
printf("%2d,%2.1f,%2.1lf",a,b,c);
```
　　A. 1234,123.4,1234.5　　　　　　B. 1234,123.5,12345.5
　　C. 12,123.5,12345.5　　　　　　D. 无输出

4. 以下程序的输出结果是（　　　）
```
main()
{   int  a = 2, b = 5;
    printf(" a =%%d,b =%%d\n",a, b); }
```
　　A. a =%2,b =%5　　　　　　　B. a =%%d,b =%%d
　　C. a =%d,b =%d　　　　　　　D. a = 2,b = 5

5. 若有定义"int a = 1234,b =-5678;",用语句"printf("%+06d%+06d",a,b);"输出,以下正确的输出结果是（　　　）
　　A. 0 + 12340 -5678
　　B. + 01234 -05678
　　C. 001234 -05678
　　D. + 1234 -5678(前面和中间各有一个空格)

6. 若有定义"int a = 0x123abc,b = 0123;",用语句"printf("%#X %#o",a,b);"输出,以下正确的输出结果是（　　　）
　　A. 0X123ABC 0123　　　　　　B. 123abc 123
　　C. 123ABC 123　　　　　　　　D. 0x123abc 0123

7. 若变量已正确说明为 float 类型,要通过语句"scanf("%f%f%f",&a,&b,&c);"给 a 赋予 10.0,b 赋予 22.0,c 赋予 33.0,不正确的输入形式是（　　　）

    A. 10< 回车 > 22< 回车 > 33< 回车 >   B. 10.0,22.0,33.0< 回车 >

    C. 10.0< 回车 > 22.0 33.0< 回车 >   D. 10 22< 回车 > 33< 回车 >

8. 使用语句"scanf(" x =%f,y =%f",&x,&y);"输入变量 x,y 的值([]代表空格),正确的输入是(　　)

    A. 1.25, 2.4   B. 1.25[]2.4

    C. x = 1.25, y = 2.4   D. x = 1.25[]y = 2.4

9. 若从终端输入以下数据,要给变量 c 赋以 283.19,则正确的输入语句是(　　)

    A. scanf("%8.4f", &c);   B. scanf("%6.2f", &c);

    C. scanf("%f",c);   D. scanf("%8f", &c);

10. 若变量已正确定义,执行语句"scanf("%d,%d,%d ",&k1,&k2,&k3);"时,(　　)是正确的输入

    A. 20 30 40   B. 2030, 40   C. 20, 30 40   D. 20, 30, 40

11. 当运行以下程序时,在键盘上从第一列开始,输入 9876543210 <CR >(此处 <CR >表示 Enter),则程序的输出结果是(　　)

```
main()
{ int    a;    float    b,c;
    scanf("%2d%3f%4f", &a,&b,&c);
    printf("\na =%d,b =%f,c =%f\n",a, b, c);        }
```

    A. a = 10,b = 432,c = 8765   B. a = 98,b = 765.0,c = 4321.0

    C. a = 98,b = 765,c = 4321   D. a = 98,b = 765.000000,c = 4321.000000

12. 有以下程序

```
#include <stdio.h>
main()
{ int x,y;
    scanf("%3d%*3c%3d",&x,&y);
    printf("%d %d\n",x,y);    }
```

    当程序运行时,如果输入:111222333 <回车>,则输出结果是(　　)

    A. 111 222   B. 222 333   C. 123 123   D. 111 333

13. 若有定义"char c; double d;",程序运行时输入 12 <回车>,能把字符 1 输入给变量 c、数值 2 输入给变量 d 的输入语句是(　　)

    A. scanf("%d%lf",&c,&d);   B. scanf("%c%lf",&c,&d);

    C. scanf("%d%f",&c,&d);   D. scanf("%c%f",&c,&d);

14. 若有程序段

```
char c;double d;
scanf("%lf%c", &d, &c);
```

    如果想把 2.3 输入给变量 d ,字符'f'输入给变量 c ,程序运行时正确的输入是(　　)

    A. 2.3 'f'   B. 2.3'f'   C. 2.3f   D. 2.3 f

15. 若有定义和读入语句:

```
short a;
```

```
scanf("%hd",&a);
```
则以下数据能被正确输入给变量 a 的是( )

  A. 32768   B. 45678   C. 32767   D. -32769

16. 若变量已正确说明,要求用以下语句给 c1 赋予字符%、给 c2 赋予字符 #、给 a 赋予 2.0、给 b 赋予 4.0,则不正确的输入形式是( )

```
scanf("%f%c%f%c", &a, &c1, &b, &c2);
```
  A. 2%4#   B. 2 % 4 #   C. 2% 4#   D. 2.0%4.0#

17. 有定义"int a;char b;",若想把整数 123 输入给变量 a,字符 x 输入给变量 b,程序运行时键盘输入 123 x <回车>,则以下正确的读入语句(组)是( )

  A. scanf("%d",&a);b = getchar();   B. scanf("%d%c", &a, &b);
  C. scanf("%d %c", &a, &b);   D. scanf("%d %c", a, b);

二、程序填空

1. 根据下面程序的输出结果,完善程序。
程序执行结果:a = 1.382,b = 9.163,i = 20
```
#include "stdio.h"
main()
{
    float   a = 1.382,b = 9.163;
    int i = 20;
    /* * * * * * * * * * *FILL* * * * * * * * * * * */
    printf ("_____", a,b,i);
}
```

2. 根据下面程序的输出结果,完善程序(U 代表空格)。
程序执行结果:

a = UUU15.38

c = UUU20.21

```
#include "stdio.h"
main()
{
    float   a = 15.38,c = 20.21;
    /* * * * * * * * * * *FILL* * * * * * * * * * * */
    printf ("_____", a,c);
}
```

3. 本程序用 scanf 函数输入数据,并输出 x = 9.68,y = 181.56,完善本程序。
```
#include "stdio.h"
main()
{
```

```
    float x,y;
    /* * * * * * * * * * * FILL * * * * * * * * * * */
    scanf("_____",&x,&y);
    /* * * * * * * * * * * FILL * * * * * * * * * * */
    printf("_____ \n",x,y);
}
```

4. 从键盘输入一个小写字母,改用大写字母输出(不用 scanf 函数)。

```
    /* * * * * * * * * * * FILL * * * * * * * * * * */
    #include"_____"
    main( )
    {
        char c;
        /* * * * * * * * * * * FILL * * * * * * * * * * */
        c =_____ ;
        printf("%c,%d\n",c,c);
            /* * * * * * * * * * * FILL * * * * * * * * * * */
        c =_____ ;
        printf("%c,%d\n",c,c);
    }
```

5. 实现两个数的对调操作。

```
    #include <stdio.h>
    void main()
    {
        int a,b,t;
        /* * * * * * * * * * FILL * * * * * * * * * * */
        scanf("%d %d",_____ );
        printf("交换前:a =%d,b =%d\n",a,b);
        /* * * * * * * * * * FILL * * * * * * * * * * */
        t = _____ ;
        /* * * * * * * * * * FILL * * * * * * * * * * */
        _____ ;
        /* * * * * * * * * * FILL * * * * * * * * * * */
        b = _____ ;
        printf("交换后:a =%d,b =%d\n",a,b);
    }
```

6. 输入三角形三边 a,b,c,求面积 area,area 为 $s(s-a)(s-b)(s-c)$ 平方根,其中 $s =(a + b +c)/2$ 。

```
    #include "stdio.h"
    /* * * * * * * * * * * FILL * * * * * * * * * * */
```

```
#include "_____ "
main( )
{
    float a,b,c,s,area;
    scanf("%f,%f,%f",&a,&b,&c);
    /* * * * * * * * * * * FILL * * * * * * * * * * */
    s = _____ /2*(a+b+c);
    /* * * * * * * * * * * FILL * * * * * * * * * * */
    area = _____ ;
    printf(" a =%7.2f,b =%7.2f,c =%7.2f,s =%7.2f\n",a,b,c,s);
    printf(" area =%7.2f",area);
}
```

三、程序改错

1.
```
#include "stdio.h"
main()
{
    float   h,p,w;
    /* * * * * * * * * * ERROR * * * * * * * * * * */
    scanf("%8.2f, %8.2f",&h,&p);
    w = h + p;
    /* * * * * * * * * * ERROR * * * * * * * * * * */
    printf(" w =%8.2f",&w);
}
```

2. 从键盘输入数 a、b、c 后,输出其中最大的数。
```
#include "stdio.h"
main()
{
    int a,b,c,t,m;
    scanf("%d%d%d",&a,&b,&c);
    printf(" a =%d,b =%d,c =%d\n",a,b,c);
    /* * * * * * * * * * ERROR * * * * * * * * * * */
    t =(a<b)? a : b;
    /* * * * * * * * * * ERROR * * * * * * * * * * */
    m =(t<c)? t : c;
    printf(" m is %d\n", m);
}
```

3. 下列程序求圆的面积。

```
#include "stdio.h"
#define PI 3.14159
/ * * * * * * * * * ERROR * * * * * * * * * * /
#define S < r > PI * r * r
main()
{
    float s,r;
    / * * * * * * * * * * ERROR * * * * * * * * * * /
    scanf("%f",r);
    s = S(r);
    printf("s =%f",s);
}
```

四、程序设计

1. 从键盘输入一个大写字母,要求改用小写字母输出。

   说明:可分别利用格式化及字符专门的输入输出函数两种方法实现。

2. 输入华氏温度求摄氏温度。转换公式为 $c = 5/9(f - 32)$,输出结果取两位小数。

3. 键盘输入 m 的值,计算如下公式的值: $y = \sin(m) * 10$。

   例如:若 m = 9,则应输出:4.121185

4. 键盘输入一个浮点数,对此数保留 2 位小数,并对第三位进行四舍五入,输出调整之后的数(规定输入的数为正数)。

   例如:输入 1234.567,则输出 1234.570000

   　　　输入 1234.564,则输出 1234.560000

第五章　选择结构

一、单项选择

1. 对于 if(表达式)语句,以下说法正确的是(　　)
  A. 不能在"表达式"中调用用户自定义的函数
  B. 在"表达式"中可以足 C 语言中任章合法的表达式
  C. "表达式"中不能含有变量,只能使用常量
  D. "表达式"的最终运算结果只能是整数值

2. 若执行以下程序时从键盘上输入 3 和 4,则输出结果是(　　)
```
main()
{  int  a, b, s;
   scanf("%d%d", &a, &b);
   s = a;
   if(a < b) s = b;
   s* = s;
   printf("%d\n", s);
}
```
  A. 14　　　　　　　B. 16　　　　　　　C. 20　　　　　　　D. 18

3. 以下各选项中的代码段执行后,变量 y 的值不为 1 的是(　　)
  A. int x = 10,y = 0; if(x = y) y = 1;　B. int x = 5,y = 10; if(x = y) y = 1;
  C. int x = 5,y = 0; if(x) y = 1;　　　D. int x = 5,y = 0; if(5) y = 1;

4. 以下不正确的 if 语句形式是(　　)
  A. if(x < y) {x++;y++;}
  B. if(x > y && x! = y);
  C. if(x == y) x += y;
  D. if(x! = y) scanf("%d",&x) else scanf("%d",&y);

5. 若有定义"int a = 1,b = 2,c = 3; if(a>c)b = a;a = c;c = b;",则 c 的值为(　　)
  A. 3　　　　　　　　B. 2　　　　　　　C. 不一定　　　　　D. 1

6. 以下程序的运行结果是(　　)
```
main()
   { int a = 2, b = -1, c = 2 ;
     if (a < b)
       if(b < 0) c = 0;
     else   c += 1;
     printf("%d\n", c ); }
```
  A. 0　　　　　　　　B. 2　　　　　　　C. 1　　　　　　　D. 3

7. 有以下程序

```
#include < stdio.h>
main()
{   int a,b,s,t;
    scanf("%d,%d",&a,&b);
    s = 1; t = 1;
    if (a> 0) s +=1;
    if(a> b) t += s;
    else if (a == b) t = 5;
    else t = 2 *s;
    printf(" t =%d\n",t); }
```

在执行以上程序时,以下哪个输入选项会使程序的输出结果为 t = 4(　　　)

　A. -2, -1　　　　　B. 2, 1　　　　　C. 1, 2　　　　　D. -1, -2

8. 有以下程序

```
main()
{   int a = 3,b = 4,c = 5,d = 2;
    if(a> b)
    if(b> c)
    printf("%d",d++1);
    else
    printf("%d",++d+1);
    printf("%d\n",d); }
```

程序运行后的输出结果是(　　　)

　A. 2　　　　　　　B. 3　　　　　　　C. 43　　　　　　D. 44

9. 假定所有变量均已正确定义,下面语句段执行后的 x 的值是(　　　)

```
a = b = c = 0; x = 35;
if(! a) x--; else if(b) ;
if(c) x = 3; else x = 4;
```

　A. 34　　　　　　　B. 4　　　　　　　C. 35　　　　　　D. 3

10. 为了避免在嵌套的条件语句 if -else 中产生二义性,C 语言规定:else 总与(　　　)配对

　A. 同一行上的 if　　　　　　　　　　B. 其之后最近的 if

　C. 其之前最近的未配对的 if　　　　　D. 缩排位置相同的 if

11. 有如下程序

```
#include < stdio.h>
main()
{   int a = 0,b = 1;
    if (a++){
        if(b--) printf(" YES");
    }else printf ("NO");
```

```
printf(":a =%d,b =%d\n",a,b);}
```
程序运行后的输出结果是(　　)

A. NO:a = 1,b= 1　　　　　　B. YES:a = 0,b = 1

C. YES:a = 1,b = 0　　　　　　D. NO:a = 0,b = 0

12. 有如下程序
```
#include <stdio.h>
main()
{    if('\0'==0)printf("<1> OK");
     if('0'!='\0') printf("<2> OK");}
```
程序运行后的输出结果是(　　)

A. <2> OK　　　　　　B. <1> OK <2> OK

C. <1> OK　　　　　　D. 屏幕没有输出

13. 有以下程序
```
#include <stdio.h>
main( )
{    int a = 1,b = 2,c = 3,d = 4,r = 0;
     if(a !=1) r =1;
     if(b == 2) r =2;
     else if(c !=3) r =3;
     else if(d == 4) r =4;
     printf("%d\n",r); }
```
执行后的输出结果是(　　)

A. 1　　　　　　B. 4　　　　　　C. 0　　　　　　D. 2

14. 有以下程序
```
main()
{    int i =1,j =1,k =2;
     if((j++||k++)&&i++)printf("%d,%d,%d\n",i,j,k);}
```
执行后输出结果是(　　)

A. 2, 2, 2　　　B. 2, 2, 3　　　C. 1, 1, 2　　　D. 2, 2, 1

15. 有下列程序
```
#include <stdio.h>
main()
{  int a =1,b =1,c =1;
   if (a --|| b--&&--c) printf("%d,%d,%d\n", a, b, c);
   else    printf("%d,%d,%d\n", a, c, b);}
```
程序执行后的输出结果是(　　)

A. 0, 1, 0　　　B. 0, 1, 1　　　C. 0, 0, 1　　　D. 0, 0, 0

16. 有以下程序
```
main()
```

```
{   int a = 5, b = 4, c = 3, d = 2;
    if(a> b> c)  printf("%d\n",d);
    else if((c-1>= d) == 1)  printf("%d\n",d + 1);
    else  printf("%d\n",d + 2);}
```

执行后输出结果是(　　)

A. 2 　　　　　　 B. 4 　　　　　　 C. 编译时出错 　　 D. 3

17. 设有定义 int m = 1,n = 2;,则以下 if 语句中,编译时会产生错误信息的是(　　)

A. if(m < 0 &&n < 0){ } 　　　　　　 B. if(m> 0); else m++;

C. if(m>n) m--　 else n--; 　　　　　　 D. if(m = n){m++;n++;}

18. 执行下列程序段后,变量 i 的值是(　　)

```
int i = 10;
switch(i)
{   case 9:i+= 1;
    case 10:i+= 1;
    case 11:i+= 1;
    default:i+= 1;
}
```

A. 13 　　　　　　 B. 12 　　　　　　 C. 11 　　　　　　 D. 14

19. 读下列程序:

```
main()
{ int x = 1,y = 0,a = 0,b = 0;
  switch(x)
  { case 1: switch(y)
     { case 0: a++; break;
       case 1: b++; break;
     }
    case 2: a++; b++; break;
  }
  printf(" a =%d, b =%d\n",a,b);
}
```

输出结果是(　　)

A. a = 2, b = 1 　　 B. a = 1, b = 1 　　 C. a = 1, b = 0 　　 D. a = 2, b = 2

20. 有以下程序

```
main()
{ int a = 15,b = 21,m = 0;
  switch(a%3)
  { case 0:m++;break;
    case 1:m++;
    switch(b%2)
```

```
   { default:m++;
     case 0:m++;break;
    }
  }
  printf("%d\n",m);
}
```

程序运行后的输出结果是(   )

A. 1   B. 2   C. 3   D. 4

21. C 语言中, switch 后的括号内表达式的值可以是(   )

A. 只能为整型和字符型   B. 只能为整型

C. 任何类型   D. 只能为整型,字符型,枚举型

22. 以下关于 switch 语句的叙述中正确的是(   )

A. char 型常量不能做 case 的标号使用

B. 所有 case 的标号都应当是连续的

C. default 必须放在全部 case 的最后

D. 每个 case 语句标号后面可以没有 break 语句

23. 有以下程序

```
#include < stdio.h>
main()
{   int a = 1,b = 2,c = 3;
    char flag;
    flag = b>= 2 &&c <= 3;
    switch(a)
    {    case 1: switch(flag)
         {     case 0: printf("**"); break;
               case 1: printf("%%"); break;
         }
         case 0: switch(c)
         {     case 1: printf("$$"); break;
               case 2: printf("&&"); break;
               default: printf("##");
         }
    }
    printf("\n");
}
```

程序运行后的输出结果是(   )

A. %&&   B. **$$ C. **##   D. %##

24. 有以下程序

```
#include < stdio.h>
```

```
main()
{ char c;
  switch(c = getchar())
  {
    default: printf("A");
    case 'f': printf("B");
    switch(getchar())
    {
      case 'i': printf("a");
      default: printf("b"); break;
      case'e': printf("c");
    }
    case 'l': printf("C"); break;
  }
  printf("\n");
}
```

若运行时输入 file <回车> ，程序的输出结果是(　　　)

A. BbcC　　　　　　B. ABcC　　　　　　C. BabC　　　　　　D. ABab

二、程序填空

1. 输入一个年份，判断是否是闰年？（闰年是能被 4 整除，但不能被 100 整除，或能被 400 整除的数）。

```
#include "stdio.h"
main()
{
  int y;
  scanf("%d",&y);
  /* * * * * * * * * * *FILL* * * * * * * * * * * */
  if(_____||(y%400 == 0))
    printf("%d is leap\n");
  /* * * * * * * * * * *FILL* * * * * * * * * * * */
  _____
    printf("%d isn't leap\n");
}
```

2. 以下程序的功能如下：

计算 f 的值，x 由键盘输入。

$$f(x) = \begin{cases} |x+1| & x < 0 \\ 2x+1 & 0 \leqslant x \leqslant 5 \\ \sin x + 5 & x > 5 \end{cases}$$

```
#include < stdio.h>
/ * * * * * * * * * * * FILL * * * * * * * * * * * * /
_____
void main()
{
    float x,f;
    scanf("%f",&x);
    if(x < 0)
    / * * * * * * * * * * * FILL * * * * * * * * * * * * /
        _____
    else
    / * * * * * * * * * * * FILL * * * * * * * * * * * * /
        if(_____ )
            / * * * * * * * * * * * FILL * * * * * * * * * * * * /
                f =_____ ;
        else
            f = sin(x)+ 5;
    printf(" x =%f,y =%f\n",x,f);
}
```

3. 根据以下函数关系,对输入的每个 x 值,计算出相应的 y 值。

x	y
x < 0	0
$0 \leqslant x < 10$	x
$10 \leqslant x < 20$	10
$20 \leqslant x < 40$	$-0.5x + 20$

```
#include < stdio.h>
void  main( )
{
    int  x,c;
    float  y;
    scanf("%d",&x);
    / * * * * * * * * * * * FILL * * * * * * * * * * * * /
    if (_____ )   c =- 1;
    / * * * * * * * * * * * FILL * * * * * * * * * * * * /
    else  c =_____ ;
    switch(c)
    {
```

```
           case - 1: y = 0;break;
           case   0: y = x; break;
           case   1: y = 10; break;
           case   2:
               /* * * * * * * * * * *FILL* * * * * * * * * * */
           case   3: y =- 0.5 *x + 20;_____ ;
           default: y =- 2;
      }
      /* * * * * * * * * * *FILL* * * * * * * * * * */
      if (_____) printf(" y =%f",y);
      else  printf ("error\n");
}
```

三、程序改错

1. 任意输入一个字符,如果是小写字母以大写字母输出,是大写字母以小写字母输出;否则,按原样输出。

```
#include < stdio.h>
main()
{
        char ch;
        printf(" Enter ch:");
        /* * * * * * * * * * *ERROR* * * * * * * * * * */
        getchar(ch);
        /* * * * * * * * * * *ERROR* * * * * * * * * * */
        if(ch>= a &&ch <= z)
                putchar(ch - 32);
        /* * * * * * * * * * *ERROR* * * * * * * * * * */
        if(ch>= A &&ch <= Z)
                putchar(ch + 32);
        else putchar(ch);
}
```

2. 输入 x,计算并输出分段函数 y 的值。

$$y = \begin{cases} x^3 & 0 < x < 5 \\ \ln x & 5 \leqslant x < 10 \\ |x| & x < 0 \end{cases}$$

```
#include < stdio.h>
#include < math.h>
main()
```

```
{
        double x,y;
        printf(" Enter x:");
/* * * * * * * * * * ERROR * * * * * * * * * * */
        scanf("%f",x);
/* * * * * * * * * * ERROR * * * * * * * * * * */
        if(0 < x < 5)
                y = pow(x,3);
/* * * * * * * * * * ERROR * * * * * * * * * * */
        else if(5 <= x < 10)
                y = log(x);
        else if(x < 0)
/* * * * * * * * * * ERROR * * * * * * * * * * */
                y = fab(x);
        printf("\nx =%f,y =%f\n",x,y);
}
```

四、程序设计

1. 输入两个数,完成两个数的交换。

2. 从键盘上输入任意实数 x,求出其所对应的函数值 z。

$$z = \begin{cases} e^x & x > 10 \\ \log(x + 3) & x > -3 \\ \sin(x)/(\cos(x) + 4) & \text{其他} \end{cases}$$

第六章　循环结构

一、单项选择

1. 已知"int i = 1;",执行语句 while(i++ < 4);后,变量 i 的值为(　　)
　A. 3　　　　　　　B. 4　　　　　　　C. 5　　　　　　　D. 6

2. 有以下程序段,while 循环执行的次数是(　　)
```
int k = 1;
while(k = 1)k++;
```
　A. 无限次　　　　　　　　　　B. 有语法错,不能执行
　C. 一次也不执行　　　　　　　D. 执行 1 次

3. 在"while(! a)"中,其中"! a"与表达式(　　)等价。
　A. a == 0　　　　　B. a == 1　　　　　C. a!= 1　　　　　D. a!= 0

4. 设有以下程序段
```
int x = 0,s = 0;
while(!x!= 0) s+=++x;
printf("%d",s);
```
　则(　　)
　A. 运行程序段后输出 0　　　　　B. 运行程序段后输出 1
　C. 程序段中的控制表达式是非法的　　D. 程序段执行无限次

5. 以下程序段的输出结果是(　　)
```
int n = 10;
while(n> 7)
{ n --;
  printf("%d", n ); }
```
　A. 1098　　　　　B. 10987　　　　　C. 987　　　　　D. 9876

6. 以下程序的运行结果是(　　)
```
main()
{ int  i = 1,sum = 0;
  while(i < 10)  sum = sum + 1;i++;
  printf(" i=%d,sum =%d",i,sum); }
```
　A. i = 10, sum = 9　B. 运行出现错误　　C. i = 2, sum = 1　　D. i = 9, sum = 9

7. 以下程序的输出结果是(　　)
```
main()
{ int a = 1,b = 0;
  do
   { switch(a)
```

```
        { case 1: b = 1;break;
          case 2: b = 2; break;
          default : b = 0;
        }
         b = a + b;
      }while(!b);
      printf("a =%d,b =%d\n",a,b);
   }
```

   A. a = 1, b = 2   B. a = 1, b = 1   C. a = 1, b = 0   D. a = 1, b = 3

8. 有以下程序段

```
   int n = 0,p;
   do
   { scanf("%d",&p);
     n++;
   }while(p != 12345&&n < 3);
```

   此处 do - while 循环的结束条件是(   )

   A. p 的值等于 12345 并且 n 的值大于等于 3

   B. p 的值不等于 12345 并且 n 的值小于 3

   C. p 的值不等于 12345 或者 n 的值小于 3

   D. p 的值等于 12345 或者 n 的值大于等于 3

9. 以下程序段的输出结果是(   )

```
   int   x = 3;
   do
   {   printf("%3d", x -= 2);
   } while (!(-- x));
```

   A. 死循环   B. 1 - 2   C. 3 0   D. 1

10. 有以下程序

```
   #include < stdio.h>
   #include < math.h>
   main()
   { int s; float n,t,pai;
     t = 1,pai = 0,n = 1.0,s = 1;
     while(fabs(t)> 1.0e - 6)
     {   pai += t;
         n+= 2;s =- s;t = s/n; }
     printf(" total =%f\n",pai);
   }
```

   程序所计算的是(   )

   A. $1 - 1/3 + 1/5 - 1/7 + 1/9 - ...$ B. $1 - 1/2 ! + 1/3 ! - 1/5 ! + 1/7 ! - ...$

C. $1 + 1/3 + 1/5 + 1/7 + 1/9 - ...$　　　D. $1 + 1/2 + 1/3 + 1/4 + 1/5 - ...$

11. 对 for(表达式1；；表达式3) 可理解为(　　　)

A. for(表达式1;1;表达式3)　　　　　　B. for(表达式1;0;表达式3)

C. for(表达式1;表达式1;表达式3)　　　D. for(表达式1;表达式3;表达式3)

12. 对于循环语句:for(i = 0;i <= 10;i++){;}下面各选项的叙述中错误的是(　　　)

A. 省略 i <= 10,可引起无限循环

B. 圆括号()内三个表达式都省略,可引起无限循环

C. 省略 i++,可引起无限循环

D. 省略 i = 0,可引起无限循环

13. 要求以下程序的功能是计算:s = 1 + 1/2 + 1/3 +……+ 1/10

```
main()
{ int n; float s;
    s = 1.0;
    for(n = 10;n> 1;n --) s = s + 1/n;
    printf("%6.4f\n",s);
}
```

程序运行后输出结果错误,导致错误结果的程序行是(　　　)

A. s = 1.0　　　　　　　　　　　　B. for(n = 10;n> 1;n --)

C. s = s + 1/n　　　　　　　　　　D. printf("%6.4f\n",s)

14. 以下循环体的执行次数是(　　　)

```
main()
{ int i, j;
    for(i = 0,j = 1; i < j + 1; i += 2,j --)  printf("%d\n",i);  }
```

A. 3　　　　　　B. 2　　　　　　C. 1　　　　　　D. 0

15. 以下语句中,循环次数不为 10 次的语句是(　　　)

A. for(i = 1;i < 10;i++);　　　　　B. i = 10;while(i> 0){-- i;}

C. i = 1;do{i++;}while(i <= 10);　　D. i = 1;m:if(i <= 10){i++;goto m;}

16. 在下述程序中,判断i> j共执行的次数是(　　　)

```
main()
{ int i = 0,j = 10,k = 2,s = 0;
    for(;;)
    { i += k;
      if(i> j)
      { printf("%d",s);break;}
       s += i;
     }
}
```

A. 4　　　　　　B. 7　　　　　　C. 5　　　　　　D. 6

17. 有以下程序,程序运行后的输出结果是(　　　)

```
main()
{ int k = 4,n = 0;
  for( ; n;)
  { n++;
    if(n%3 != 0) continue;
    k --;
    }
  printf("%d,%d\n",k,n);
}
```

A. 1, 1   B. 2, 2   C. 3, 3   D. 4, 0

18. 下面的 for 语句（   ）

```
for(x = 2,y = 8;(y> 0)&&(x < 5);x++,y --);
```

A. 是无限循环   B. 循环次数不定   C. 循环执行 4 次   D. 循环执行 3 次

19. 以下程序的输出结果是（   ）

```
main()
{ int  x, i;
  for(i=1; i <= 100; i++)
  {  x = i;
    if( ++x% 2 == 0)
      if( ++x% 3 == 0 )
        if( ++x% 7 == 0)
          printf("%d   ", x);
  }
  printf("\n");
}
```

A. 28   70   B. 39   81   C. 42   84   D. 26   68

20. 以下程序中循环体总的执行次数是（   ）

```
int i,j;
for(i = 6;i> 1;i --)
for(j = 0;j < i;j++)
{……}
```

A. 20   B. 261   C. 15   D. 25

21. 以下不是无限循环的语句是（   ）

A. for(i = 10; ; i++) sum += i;

B. while (1){x++;}

C. for(; (c = getchar())!='\n';) printf("%c", c);

D. for(;; x += i);

22. 以下程序段的输出结果是（   ）

```
int  i, j, m = 0;
```

```
for(i= 1; i<= 15; i+= 4)
  for(j= 3; j<= 19; j+= 4)
    m++;
printf("%d\n", m);
```
　A. 15　　　　　　B. 12　　　　　　C. 20　　　　　　D. 25

23. 按顺序读入 10 名学生 4 门课程的成绩,计算出每位学生的平均分并输出,程序如下:

```
main()
{  int n,k;
   float score,sum,ave;
   sum = 0.0;
   for(n = 1;n <= 10;n++)
   { for(k = 1;k <= 4;k++ )
     { scanf("%f",&score);
       sum+ = score;
     }
     ave = sum/4.0;
    printf(" NO%d:%f\n",n,ave);
   }
}
```
上述程序运行后结果不正确,调试中发现有一条语句出现在程序中的位置不正确。这条语句是(　　)

　A. ave = sum/4.0　　　　　　　　B. sum = 0.0;

　C. sum += score;　　　　　　　　D. printf(" NO%d:%f\n",n,ave);

24. 以下程序段的输出结果是(　　)

```
int  k, j, s;
for(k = 2; k < 6; k++, k++)
{   s = 1;
    for(j = k; j < 6; j++)s += j;
}
printf("%d\n", s);
```
　A. 15　　　　　　B. 10　　　　　　C. 24　　　　　　D. 9

25. 以下程序的输出结果是(　　)

```
#include <stdio.h>
main()
{  int i;
   for(i = 1; i < 5; i++)
   { if(i % 2)  putchar('<');
     else          continue;
     putchar('>');
```

```
        }
      putchar ('#');
  }
```

A. <> <> <> ♯   B. > <> < ♯   C. <> <> ♯   D. > <> <> < ♯

26. 以下程序中,while 循环的循环次数是(　　　)

```
main()
{ int  i = 0;
   while(i < 10)
   { if(i < 1)   continue;
     if(i == 5)   break;
     i++;
   }
}
```

A. 死循环,不能确定次数   B. 6

C. 4   D. 1

27. 以下程序的输出结果是(　　　)

```
main()
{  int  y = 10;
   for(; y > 0; y --)
     { if(y%3 == 0) continue;
       printf("%d", -- y);
     }
}
```

A. 9   B. 963   C. 852   D. 9741

28.
```
#include < stdio.h>
main( )
{ int a = 123456,b;
   while(a)
   {    b = a%10;
        a/= 10;
        switch(b)
        {    default: printf("%d",b++);
             case 1: continue;
             case 2: printf("%d",b++); continue;
             case 3: printf("%d",b++);
             case 4: printf("%d",b++); continue;
        }
   }
}
```

程序执行后的输出结果是(　　　)

A. 1234456　　　　B. 654342　　　　C. 6543421　　　　D. 234456

29. 有以下程序

```
#include < stdio.h>
main()
{  char i,j,n;
   for(i ='1';i <='9';i++)
   {     if(i <'3') continue;
         for(j ='0';j <='9';j++)
         { if(j <'2'||j >='4') continue;
           n =(i -'0') * 10 +j -'0';
           printf("%d",n);
         }
         if(i =='4') break;
   }
    printf("\n");
}
```

程序运行后的输出结果是(　　　)

A. 30 31 40 41　　　B. 35 36 45 46　　　C. 32 33 42 43　　　D. 34 35 44 45

30. 有下列程序

```
#include < stdio.h>
main()
{  int  a =7,i;
   for(i =1;i <=3;i++)
   {     if (a> 13) break;
         if (a%2){ a += 3;continue; }
         a = a + 4;
    }
    printf("%d,%d",i,a);
}
```

程序执行后的输出结果是(　　　)

A. 3, 14　　　　B. 2, 10　　　　C. 4, 18　　　　D. 3, 18

二、程序填空

1. 将字母转换成密码,转换规则是将当前字母变成其后的第四个字母,但 W 变成 A、X 变成 B、Y 变成 C、Z 变成 D。小写字母的转换规则同样。

```
#include "stdio.h"
main()
{
```

```
  char c;
  /* * * * * * * * * * FILL * * * * * * * * * * * */
  while(_____ !='\n')
  {
    /* * * * * * * * * * FILL * * * * * * * * * * * */
    if((c>='a'&&c<='z')||(c>='A'&&c<='Z')) _____ ;
    /* * * * * * * * * * FILL * * * * * * * * * * * */
    if((c>'Z'_____ c<='Z'+4)||c>'z') c-=26;
    printf("%c",c);
  }
}
```

2. 求两个非负整数的最大公约数和最小公倍数。

```
#include <stdio.h>
main()
{
  int m,n,r,p,gcd,lcm;
  scanf("%d%d",&m,&n);
  if(m<n) {p=m,m=n;n=p; }
  p=m*n;
  r=m%n;
  /* * * * * * * * * * FILL * * * * * * * * * * * */
  while(_____)
  {
  /* * * * * * * * * * FILL * * * * * * * * * * * */
    m=n;n=r; _____ ;
  }
  /* * * * * * * * * * FILL * * * * * * * * * * * */
  gcd=_____ ;
  lcm=p/gcd;
  /* * * * * * * * * * FILL * * * * * * * * * * * */
  printf(" gcd=%d,lcm=%d\n",_____ );
}
```

3. 以每行5个数来输出300以内能被7或17整除的偶数,并求出其和。

```
#include <stdio.h>
main()
{
  int i,n,sum;
  sum=0;
  /* * * * * * * * * * FILL * * * * * * * * * * * */
```

```
              _____
/ * * * * * * * * * * FILL * * * * * * * * * */
for(i = 1; _____ ;i++)
/ * * * * * * * * * * FILL * * * * * * * * * */
   if(_____)
      if(i%2 == 0)
      { sum = sum + i;
        n++;
        printf("%6d",i);
        / * * * * * * * * * * FILL * * * * * * * * * */
        if(_____)  printf("\n");
      }
   printf("\ntotal =%d",sum);
}
```

4. 输出 100 到 1000 之间的各位数字之和能被 15 整除的所有数,输出时每 10 个一行。

```
#include < stdio.h>
main()
{
  int m,n,k,i = 0;
  for(m = 100;m <= 1000;m++)
  {
   / * * * * * * * * * * FILL * * * * * * * * * */
   _____
   n = m;
   do
   {
   / * * * * * * * * * * FILL * * * * * * * * * */
     k = k +_____ ;
     n = n/10;
   }
   / * * * * * * * * * * FILL * * * * * * * * * */
   _____ ;
   if (k%15 == 0)
   {
     printf("%5d",m);i++;
     / * * * * * * * * * * FILL * * * * * * * * * */
     if(i%10 == 0) _____ ;
   }
  }
```

```
}
```

5. 下面的程序是求 1！+ 3！+ 5！+……+ n！的和。

```
#include <stdio.h>
main()
{
    long int f,s;
    int i,j,n;
    /* * * * * * * * * * *FILL* * * * * * * * * */
    _____
    scanf("%d",&n);
    /* * * * * * * * * * *FILL* * * * * * * * * */
    for(i = 1;i <= n; _____ )
    { f = 1;
        /* * * * * * * * * * *FILL* * * * * * * * * */
        for(j = 1; _____ ;j++)
        /* * * * * * * * * * *FILL* * * * * * * * * */
        _____
        s = s + f;
    }
    printf(" n =%d,s =%ld\n",n,s);
}
```

6. 编写程序,输出 1000 以内的所有完数,并统计完数的个数。所谓完数是指一个整数的值等于它的因子之和。

例如：6 的因子是 1、2、3,而 6 = 1 + 2 + 3 ,故 6 是一个完数。

```
#include <stdio.h>
void main( )
{
    int x,s,n,i;
    n = 0;
    for(x = 1;x <= 1000;x++ )
    {
/* * * * * * * * * * *FILL* * * * * * * * * */
        _____ ;
        for(i = 1;i < x;i++)
/* * * * * * * * * * *FILL* * * * * * * * * */
            if(_____ )
                s = s + i;
        if(s == x)
        { printf("%5d",x);
```

```
/ * * * * * * * * * * * FILL * * * * * * * * * * * /
               _____  ;
        }
    }
    printf("\n一共%d个完数!\n",n);
}
```

三、程序改错

1. 用下面的和式求圆周率的近似值,直到最后一项的绝对值小于等于0.0001。

$$\frac{\pi}{4} = 1 - \frac{1}{3} + \frac{1}{5} - \frac{1}{7} + \cdots$$

```
#include < stdio.h>
/ * * * * * * * * * * * ERROR * * * * * * * * * * * /
#include < stdlib.h>
main()
{
  int i = 1;
  / * * * * * * * * * * * ERROR * * * * * * * * * * * /
  int   s = 0,t = 1,p = 1;
  / * * * * * * * * * * * ERROR * * * * * * * * * * * /
  while(fabs(t)<= 1e - 4)
  { s = s + t;       p =- p;       i = i + 2;       t = p/i;   }
  printf(" pi =%lf\n",s * 4);
}
```

2. 输出Fabonacci数列的前20项,要求变量类型定义成浮点型,输出时只输出整数部分,输出项数不得多于或少于20。

```
#include < stdio.h>
main()
{
  int i;
  float f1 = 1,f2 = 1,f3;
  / * * * * * * * * * * * ERROR * * * * * * * * * * * /
  printf("%8d",f1);
  / * * * * * * * * * * * ERROR * * * * * * * * * * * /
  for(i = 1;i <= 20;i++)
  { f3 = f1 + f2;
    / * * * * * * * * * * * ERROR * * * * * * * * * * * /
    f2 = f1;
    / * * * * * * * * * * * ERROR * * * * * * * * * * * /
```

```
    f3 = f2;
    printf("%8.0f",f1);
  }
  printf("\n");
}
```

3. 猴子吃桃问题:猴子第一天摘下若干个桃子,当即吃了一半,还不过瘾,又多吃了一个,
第二天早上又将剩下的桃子吃掉一半,又多吃了一个。以后每天早上都吃了前一天剩
下的一半零一个。到第 10 天早上想再吃时,见只剩下一个桃子了。求第一天共摘了
多少。

```
#include" stdio.h"
main()
{
int day,x1,x2;
day = 9;
/ * * * * * * * * * * ERROR * * * * * * * * * * /
x2 == 1;
while(day> 0)
/ * * * * * * * * * * ERROR * * * * * * * * * * /
{x1 =(x2 + 1)/2;
x2 = x1;
/ * * * * * * * * * * ERROR * * * * * * * * * * /
day++;
}
printf(" the total is %d\n",x1);
}
```

4. 一球从 100 米高度自由落下,每次落地后反跳回原高度的一半;再落下,求它在第 10 次
落地时,共经过多少米? 第 10 次反弹多高?

```
#include "stdio.h"
main()
{
  / * * * * * * * * * * ERROR * * * * * * * * * * /
  int sn = 100,hn = sn/2;
  int n;
  / * * * * * * * * * * ERROR * * * * * * * * * * /
  for(n = 2;n < 10;n++)
  {
    sn = sn + 2 *hn;
    / * * * * * * * * * * ERROR * * * * * * * * * * /
    hn = hn%2;
```

```
        }
        printf(" the total of road is %f\n",sn);
        printf(" the tenth is %f meter\n",hn);
    }
```

四、程序设计

1. 输入一个正整数,输出该数各位数字的立方和。

2. 求 n 以内(不包括 n)同时能被 3 与 7 整除的所有自然数之和的平方根 s,并输出。n 的值由键盘输入。例如:若 n 为 1000 时,输出 s = 153.909064。

3. 百马百担问题:有 100 匹马,驮 100 担货,大马驮三担,中马驮两担,两匹小马驮一担,求大、中、小马各多少匹?

4. 找出一个大于给定整数且紧随此整数的素数,并输出。例如:键盘输入 9,则输出 11。

5. 打印以下图形。

```
        *
        * *
        * * *
        * * * *
        * * * * *
```

6. 打印以下图形。

```
                *
              * *
            * * *
          * * * *
        * * * * *
```

7. 计算并输出下列多项式的值 S = 1 + 1/1 !+ 1/2 !+ 1/3 !+...+ 1/n !。

   例如:键盘给 n 输入 15,则输出为:s = 2.718282。

   注意:要求 n 的值大于 1 但不大于 100。

第七章 函 数

一、单项选择

1. 以下正确的说法是( )
   A. 用户可以重新定义标准库函数,若如此,该函数将失去原有含义
   B. 系统根本不允许用户重新定义标准库函数
   C. 用户若需调用标准库函数,调用前不必使用预编译命令将该函数所在文件包括到用户源文件中,系统自动去调
   D. 用户若需调用标准库函数,调用前必须重新定义

2. 以下有关C语言函数的描述中,错误的是( )
   A. 一个完整的C程序可以有多个函数,其中必须有且只能有一个名为main的函数
   B. 当一个C程序包含多个函数时,先定义的函数先执行
   C. 函数可以嵌套调用
   D. 函数不可以嵌套定义

3. 关于建立函数的目的,以下正确的说法是( )
   A. 减少程序文件所占内存   B. 提高程序的执行效率
   C. 提高程序的可读性   D. 减少程序的篇幅

4. 以下函数正确的定义形式( )
   A. double fun(int x, int y)   B. double fun(int x; int y)
   C. double fun(int x, int y);   D. double fun(int x, y),

5. 有以下函数定义:"void fun(int n,double x){……}",若以下选项中的变量定义为:int y;double m;并赋值,则对函数fun的正确调用语句是( )
   A. fun(int y, double m);   B. k = fun(10, 12.5);
   C. fun(y, m);   D. void fun(y, m);

6. 对于void类型函数,调用时不可作为( )
   A. 表达式   B. 循环体里的语句
   C. 自定义函数体中的语句   D. if语句的成分语句

7. 以下错误的描述是:函数调用可以( )
   A. 做为一个函数的形参   B. 出现在执行语句中
   C. 做为一个函数的实参   D. 出现在一个表达式中

8. 定义函数时,缺省函数的类型声明,则函数类型取缺省类型( )
   A. void   B. char   C. float   D. int

9. 若函数调用时的实参为变量,则以下关于函数形参和实参的叙述中正确的是( )
   A. 实参和其对应的形参占用同一存储单元
   B. 形参不占用存储单元
   C. 同名的实参和形参占用同一存储单元

D. 形参和实参占用不同的存储单元

10. C语言规定,简单变量做实参时,它相对应形参之间的数据传递方式是(　　)

A. 地址传递

B. 单向值传递

C. 由实参传给形参,再由形参传回给实参

D. 由用户指定传递方式

11. 以下函数调用语句中实参的个数为(　　)

excc((v1, v2),(v3, v4, v5), v6);

A. 3　　　　　　　　B. 4　　　　　　　　C. 5　　　　　　　　D. 6

12. 执行下面程序后,输出结果是(　　)

```
main()
{  float a = 45.5,b = 27.2;int c = 0;
   c = max(a,b);
   printf("%d\n",c);
}
int  max(int x,int y)
{ int z;
  if(x> y)  z = x;    else   z = y;
  return(z);
}
```

A. 18　　　　　　　B. 27　　　　　　　C. 72　　　　　　　D. 45

13. 有以下程序

```
#include "stdio.h"
int  abc(int u,int v);
main()
{ int a = 24,b = 16,c;
  c = abc(a,b);
  printf("%d\n",c);
}
int abc(int u,int v)
{  int  w;
   while(v)   { w = u%v;  u = v;  v = w ;}
   return u;
}
```

输出结果是(　　)

A. 6　　　　　　　　B. 7　　　　　　　　C. 8　　　　　　　　D. 9

14. 下面叙述中错误的是(　　)

A. 若函数的定义出现在主调函数之前,则可以不必再加说明

B. 一般来说,函数的形参和实参的类型要一致

　　C. 若一个函数没有 return 语句,则什么值也不会返回

　　D. 函数的形式参数,在函数未被调用时就不被分配存储空间

15. 以下说法正确的是(　　　)

　　A. 如果函数的类型与返回值类型不一致,以函数类型为准

　　B. 定义函数时,形参的类型说明可以放在函数体内

　　C. return 后边的值不能为表达式

　　D. 不加类型说明的函数,一律按 void 来处理

16. 已知函数 f 的定义如下:

```
int f(int a,int b)
{if(a<b)  return(a,b);  else return(b,a);  }
```

则该函数使用 f(2,3)进行调用时返回的值是(　　　)

　　A. 2　　　　　　　　B. 3　　　　　　　　C. 2 和 3　　　　　　D. 3 和 2

17. 以下程序的输出结果是(　　　)

```
double   f(int   n)
{   int   i;   double   s;
    s = 1.0;
    for(i = 1;   i <= n; i++) s += 1.0/i;
    return   s;
}
main()
{   int   i, m = 3;     float     a = 0.0;
    for(i = 0;   i < m; i++) a += f(i);
    printf("%f\n", a);
}
```

　　A. 8.25　　　　　　B. 3.000000　　　　C. 4.000000　　　　　D. 5.500000

18. 以下程序的输出结果为(　　　)

```
main()
{int a = 1,b = 2,c = 3,d = 4,e = 5;
  printf("%d\n",func((a + b,b + c,c + a),(d + e)));
}
int   func(int   x,int y)
{ return(x + y); }
```

　　A. 15　　　　　　　B. 9　　　　　　　　C. 函数调用出错　　D. 13

19. 关于 return 语句,下列正确的说法是(　　　)

　　A. 必须在每个函数中出现

　　B. 不能在主函数中出现且在其他函数中均可出现

　　C. 只能在除主函数之外的函数中出现一次

　　D. 可以在同一个函数中出现多次

20. 有如下程序

```
#include <stdio.h>
void convert(int d)
{  if(d<9)
     {  printf("%d",d%4);    convert(++d); }
}
main( )
{   convert(6);      }
```
程序运行后的输出结果是（　　）

A. 678　　　　　　B. 666　　　　　　C. 230　　　　　D. 20

21. 以下程序的输出结果是（　　）

```
func(int a, int b)
   {   int c;
       c=a+b;
       return  c;
   }
main()
   {   int  x=6,y=7,z=8,r;
       r=func((x--,y--,x+y),z--);
       printf("%d\n",r);
   }
```

A. 19　　　　　　B. 21　　　　　　C. 18　　　　　　D. 20

22. 以下函数中能正确实现 n !(n<13)计算的是（　　）

A. long fact(long n)　　　　　　B. long fact(long n)
```
   {    return  n*fact(n-1);           {  if(n<=1) return 1;
   }                                      else  return  n*fact(n);}
```

C. long fact(long n)　　　　　　D. long fact(long n)
```
   {  static long s, i;                {   long s=1, i;
      for(i=1; i<=n; i++) s=s*i;          for(i=1; i<=n; i++) s=s*i;
      return s;                           return s; }
```

23. 有以下程序

```
int f(int n)
{if (n==1) return 1;
 else return f(n-1)+1;
}
main()
{ int i,j=0;
  for(i=1;i<3;i++) j += f(i);
  printf("%d\n",j);
}
```

　　　程序运行后的输出结果是(　　　)

　　　A. 4　　　　　　　　B. 3　　　　　　　　C. 2　　　　　　　　D. 1

24. 有如下程序

```
#include < stdio.h>
void my_put()
{  char ch;
   ch = getchar();
   if(ch != 'C') my_put();
   putchar(ch);
}
main()
{  my_put();     }
```

　　　程序运行时,输入 ABC <回车>,则输出结果是(　　　)

　　　A. CBA　　　　　　　B. ABCC　　　　　　C. AB　　　　　　　D. ABC

25. 有如下程序

```
#include < stdio.h>
void get_put()
{ char ch;
  ch = getchar();
  if (ch != '\n')
  {  putchar(ch);
     get_put();
   }
}
main()
{    get_put();}
```

　　　程序运行时,输入 AB <回车>,则输出结果是(　　　)

　　　A. BA　　　　　　　B. AA　　　　　　　C. AB　　　　　　　D. BB

26. 以下程序的输出结果是(　　　)

```
fun(int n)
{  if(n> 0)  fun(n/10);
   putchar(n%10 +'0');
 }
main()
{    fun(123) );    }
```

　　　A. 123　　　　　　　B. 321　　　　　　　C. 0123　　　　　　D. 3210

27. 下面叙述中错误的是(　　　)

　　　A. 在其他函数中定义的变量在主函数中也不能使用

　　　B. 主函数中定义的变量在整个程序中都是有效的

C. 形式参数也是局部变量

D. 复合语句中定义的变量只在该复合语句中有效

28. 以下程序运行后,输出结果是(　　)

```
func (int a,int b)
{   static int m=0 ,i=2;
    i+=m+1;
    m=i+a+b ;
    return(m);
}
main()
{ int k=4,m=1,p;
  p=func(k,m); printf("%d,",p);
  p=func(k,m); printf("%d\n",p);
}
```

A. 8, 15　　　　B. 8, 16　　　　C. 8, 17　　　　D. 8, 8

29. 有以下程序段

```
int a=3,b;
b=a+3;
{ int c=2; a*=c+1;}
printf("%d\n",a);
```

下面关于此段程序的说法,正确的是(　　)

A. 这段程序中存在有语法错误的语句

B. 可执行语句 b=a+3;后,不能再定义变量 c

C. 这段程序的输出是 7

D. 这段程序的输出是 9

30. 以下程序输出结果是(　　)

```
int d=1;
fun( int p)
{ int d=5;
  d=d+p;
  printf("%d,",d);
}
main()
  { int a=3 ;
    fun(a);
    d=d+a;
    printf("%d",d);
  }
```

A. 4, 4　　　　B. 8, 4　　　　C. 8, 11　　　　D. 4,11

31. 在一个 C 源程序文件中，若要定义一个只允许本源文件中所有函数使用的全局变量，则该变量需要使用的存储类型是(　　)

　　A. static　　　　　B. register　　　　　C. auto　　　　　D. extern

32. 函数的形式参数隐含的存储类型说明是(　　)

　　A. static　　　　　B. register　　　　　C. extern　　　　　D. auto

33. 以下叙述中正确的是(　　)

　　A. 静态(static)类别变量的生存期贯穿于整个程序的运行期间

　　B. 函数的形参都属于全局变量

　　C. 未在定义语句中赋初值的 auto 变量和 static 变量的初值都是随机值

　　D. 全局变量的作用域一定比局部变量的作用域范围大

34. 全局变量的定义不可能在(　　)

　　A. 函数内部　　　　B. 文件外面　　　　C. 最后一行　　　　D. 函数外面

35. 以下程序的输出结果是(　　)

```c
main()
 {   int i = 1,j = 3;
     printf("%d,",i++);
     {   int i = 0;
         i += j * 2;
         printf("%d,%d,",i,j);
     }
     printf("%d,%d\n", i, j );
 }
```

　　A. 1, 6, 3, 2, 3　　B. 2, 7, 3, 2, 3　　C. 1, 7, 3, 2, 3　　D. 2, 6, 3, 2, 3

36. 以下关于静态变量的说法正确的是(　　)

　　A. 静态变量和常量的作用相同

　　B. 静态全局变量的作用域为一个程序的所有源文件

　　C. 静态变量只可以赋值一次，赋值后则不能改变

　　D. 函数中的静态变量，其所占内存在函数退出后不被释放

二、程序填空

1. 计算并输出 500 以内能被 13 或 17 整除的自然数之和。

```c
#include <conio.h>
#include <stdio.h>
/ * * * * * * * * * * * FILL * * * * * * * * * * * * * /
int fun(_____ )
{   int i,s = 0;
  / * * * * * * * * * * * FILL * * * * * * * * * * * * * /
  for (i = 1;i <= k; _____ )
    {  / * * * * * * * * * * * FILL * * * * * * * * * * * * * /
```

```
      if (i%13 == 0 || _____  )
        s = s + i;
      }
  /* * * * * * * * * * *FILL* * * * * * * * * */
      _____  ;
  }
  main ( )
  {   printf("%d\n", fun (500));     }
```

2. 通过键盘输入一个正整数,判断其是否为回文数,若是则输出字符'y',若不是则输出'n'.

```
  char   fun(int   i)
  {   int k = 0,t;
  /* * * * * * * * * * *FILL* * * * * * * * * */
      _____  ;
    while(t)
    /* * * * * * * * * * *FILL* * * * * * * * * */
      { k =_____  ;
        t = t/10;
      }
    if(k != i)   return   'n';     else   return   'y';
  }
  main( )
    {int   i;   char c;
     do{ printf("输入一个正整数:");
       scanf("%d",&i);
     /* * * * * * * * * * *FILL* * * * * * * * * */
       }while(_____  );
     /* * * * * * * * * * *FILL* * * * * * * * * */
       _____  ;
       printf("%c",c);
  }
```

3. 求 100 - 999 之间的水仙花数

   说明:水仙花数是指一个三位数的各位数字的立方和是这个数本身。

   例如:153 = 1 ^ 3 + 5 ^ 3 + 3 ^ 3。

```
  #include <stdio.h>
  int fun(int n)
  {  int i,j,k,m;
    m = n;
    /* * * * * * * * * * *FILL* * * * * * * * * */

    _____
```

```
   for(i = 1;i < 4;i++)
   { /* * * * * * * * * * FILL * * * * * * * * * */
      _____
      m =(m - j)/10;
      k = k + j *j *j;
   }
   if(k == n)
    /* * * * * * * * * * FILL * * * * * * * * * */
    _____
   else     return(0);}
main()
{ int i;
   for(i = 100;i < 1000;i++)
    /* * * * * * * * * * FILL * * * * * * * * * */
   if(_____ == 1)      printf("%d is ok !\n",i);
}
```

4. 计算并输出 high 以内最大的 10 个素数之和，high 由主函数传给 fun 函数，若 high 的值为 100，则函数的值为 732。请完善 fun 函数使其达到要求的功能。

```
#include < stdio.h >
#include < math.h >
int fun( int  high )
{ int sum = 0,  n = 0,  j,  yes;
   /* * * * * * * * * * FILL * * * * * * * * * */
   while ((high >= 2) && ( _____ ))
   {   yes = 1;
       /* * * * * * * * * * FILL * * * * * * * * * */
       for (j = 2; j <=_____ ; j++ )
        /* * * * * * * * * * FILL * * * * * * * * * */
       if (_____)
       {    yes = 0; break;       }
       if (yes)
       {   sum += high;  n++;       }
       high --;
   }
   /* * * * * * * * * * FILL * * * * * * * * * */
   _____ ;
}
main ( )
{     printf("%d\n", fun (100));     }
```

三、程序改错

1. 求如下表达式:

$$s = 1 + \frac{1}{1+2} + \frac{1}{1+2+3} + \cdots + \frac{1}{1+2+3+\cdots+n}$$

```
#include <stdio.h>
main()
{ int n;
  double  fun(int);
  printf(" Please input a number:");
  /* * * * * * * * * * ERROR * * * * * * * * * * * */
  print("%d",n) ;
  printf("%10.6lf\n",fun(n));
}
/* * * * * * * * * * ERROR * * * * * * * * * * * */
fun(int n)
{ int i,j,t; double s;
  s = 0;
/* * * * * * * * * * ERROR * * * * * * * * * * * */
  for(i = 1;i <= n;i++);
  { t = 0;
    for(j = 1;j <= i;j++)   t = t + j;
    /* * * * * * * * * * ERROR * * * * * * * * * * * */
    s = s + 1/t;
  }
  return s;
}
```

2. 求两数平方根之和,作为函数值返回。

例如:输入 12 和 20,输出结果是:y = 7.936238。

```
#include <stdio.h>
#include <math.h>
/* * * * * * * * * * ERROR * * * * * * * * * * * */
double fun (double a, b)
{  double c;
  /* * * * * * * * * * ERROR * * * * * * * * * * * */
  c = sqr(a)+ sqr(b) ;
  /* * * * * * * * * * ERROR * * * * * * * * * * * */
  return a;
}
```

```
main ( )
{ double a, b, y;
  printf ( "Enter a & b : ");
  scanf ("%lf%lf", &a, &b);
  y = fun (a, b);
  printf (" y = %f \n", y );
}
```

3. 计算并输出 k 以内最大的 10 个能被 13 或 17 整除的自然数之和。k 的值由主函数传入。

例如:若 k 的值为 500,则函数值为 4622。

```
#include < stdio.h>
int fun(int k)
{ int m = 0,mc = 0;
/* * * * * * * * * ERROR * * * * * * * * * * * */
  while ((k>= 2)||(mc < 10))
  {/* * * * * * * * * ERROR * * * * * * * * * * */
    if((k%13 = 0)||(k%17 = 0))
    { m = m + k;    mc++;       }
    /* * * * * * * * * * ERROR * * * * * * * * * * */
    k++;
  }
  /* * * * * * * * * * ERROR * * * * * * * * * * */
  return   ;
}
main()
{    printf("%d\n",fun(500));    }
```

4. 求 1 到 10 的阶乘的和。

```
#include < stdio.h>
main()
{ int i;   float s = 0;
  float fac(int n);
  /* * * * * * * * * * ERROR * * * * * * * * * * */
  for(i = 1;i < 10;i++)
  /* * * * * * * * * * ERROR * * * * * * * * * * */
  s = fac(i);
  printf("%f\n",s);
}
float fac(int n)
{/* * * * * * * * * * ERROR * * * * * * * * * * */
```

```
   int   y = 1;
   int i;
   for(i = 1 ;i <= n;i++)
     y = y * i;
   /* * * * * * * * *ERROR* * * * * * * * * */
   return;
}
```

四、程序设计

1. 编写函数 float fun(),利用以简单迭代方法 Xn + 1 = cos(Xn)求方程:cos(x) - x = 0 的一个实根。迭代步骤如下:
   (1) 取 x1 初值为 0.0;
   (2) x0 = x1,把 x1 的值赋给 x0;
   (3) x1 = cos(x0),求出一个新的 x1;
   (4) 若 x0 - x1 的绝对值小于 0.000001,执行步骤(5),否则执行步骤(2);
   (5) 所求 x1 就是方程 cos(x) - x = 0 的一个实根,作为函数值返回。
   输出:程序将输出结果 Root = 0.739085。

2. 完成子函数 double fun(int n),返回表达式 1 + 1/2 ! + 1/3 ! + 1/4 ! + … + 1/n !之和。

3. 完成子函数 int fun(int w),判断一个整数 w 的各位数字平方之和能否被 5 整除,可以被 5 整除则返回 1,否则返回 0。

4. 编写函数 long int fun(int d,int n)求 sum = d + dd + ddd + … + dd...d(n 个 d),其中 d 为 1 - 9的数字。
   例如:3 + 33 + 333 + 3333 + 33333(此时 d = 3,n = 5),d 和 n 在主函数中输入。

第八章　数　　组

一、单项选择

1. 执行语句"for(i = 0;i < 10;++ i,++ a)　scanf("%d",a);"试图为 int 类型数组 a[10]输入数据是错误的,错误的原因是( )

    A. 指针变量不能做自增运算　　　　　　B. 数组首地址不可改变

    C. ++ i 应写作 i++　　　　　　　　　　D. ++ a 应写作 a++

2. 已知有声明"int m[]={5,4,3,2,1},i = 0;",下列对 m 数组元素的引用中,错误的是( )

    A. m[++i]　　　　　B. m[5]　　　　　C. m[2 * 2]　　　　　D. m[m[4]]

3. 以下对一维整型数组 a 的正确说明是( )

    A. #define SIZE 10　（换行）　int a[SIZE];

    B. int a(10);

    C. int n; scanf("%d",&n); int a[n];

    D. int n = 10,a[n];

4. 设有以下程序段

    float a[8] = {1.0,2.0};

    int b[1] = {0};

    char c[]= {"A","B"};

    char d == "1";

    以下叙述正确的是( )

    A. 所有定义都是完全合法的　　　　　　B. 只有 a,b,c 的定义是完全合法的

    C. 只有 c 的定义是合法的　　　　　　　D. 只有 a,b 的定义是完全合法的

5. 已知 int 类型变量占用四个字节,其有定义:int x[10]={0,2,4};,则数组 x 在内存中所占字节数是( )

    A. 20　　　　　　　B. 12　　　　　　　C. 6　　　　　　　D. 40

6. 若有以下说明

    int a[12] = {1,2,3,4,5,6,7,8,9,10,11,12};

    char c ='a',d,g;

    则数值为 4 的数组元素是( )

    A. a[4]　　　　　B. a[g - c]　　　　　C. a['d'-'c']　　　　　D. a['d'- c]

7. int a[10];给数组 a 的所有元素分别赋值为 1、2、3……的语句是( )

    A. for(i = 1;i < 11;i++)　a[i + 1]=i;

    B. for(i = 1;i < 11;i++)　a[i - 1]=i;

    C. for(i = 1;i < 11;i++)　a[i]=i;

    D. for(i = 1;i < 11;i++)　a[0]=1;

8. 在 C 语言中,引用数组元素时,其数组下标的数据类型允许是(　)

　　A. 任何类型的表达式　　　　　　　B. 整型常量

　　C. 整型表达式　　　　　　　　　　D. 整型常量或整型表达式

9. 执行下面的程序段后,变量 k 中的值为(　)

```
int k = 3, s[2];
s[0]= k; k = s[1] * 10;
```

　　A. 33　　　　　B. 10　　　　　C. 30　　　　　D. 不定值

10. 以下对二维数组 a 的正确说明是(　)

　　A. int a[3][]　　　　　　　　　B. float a(3,4)

　　C. double a[1][4]　　　　　　　D. float a(3)(4)

11. 以下不能正确定义二维数组的选项是(　)

　　A. int a[2][2]={{1},{2}};　　　B. int a[][2]={1,2,3,4};

　　C. int a[2][2]={{1},2,3};　　　D. int a[2][]={{1,2},{3,4}};

12. 执行下列程序

```
main( )
{   int a[3][3]={{1},{2},{3}};
    int b[3][3]={1,2,3};
    printf("%d\n",a[1][0]+b[0][0]);
}
```

　　输出的结果是(　)

　　A. 0　　　　　B. 1　　　　　C. 2　　　　　D. 3

13. 设 int a[ ][4]={1,2,3,4,5,6,7,8};则数组 a 的第一维的大小是(　)

　　A. 2　　　　　B. 3　　　　　C. 4　　　　　D. 无确定值

14. 以下能正确定义数组并正确赋初值的语句是(　)

　　A. int c[2][]={{1,2},{3,4}};　　　B. int a[1][2]={{1},{3}};

　　C. int N = 5,b[N][N];　　　　　　D. int d[3][2]={{1,2},{34}};

15. 若有说明 int a[3][4];则对 a 数组元素的正确引用是(　)

　　A. a[1+1][0]　　B. a[1,3]　　　C. a[2][4]　　　D. a(2)(1)

16. int i,j,a[2][3];按照数组 a 的元素在内存的排列次序,不能将数 1,2,3,4,5,6 存入 a 数组的是(　)

　　A. for(i = 0;i < 2;i++)for(j = 0;j < 3;j++)a[i][j]= i * 3 + j + 1;

　　B. for(i = 0;i < 6;i++)a[i/3][i%3]= i + 1;

　　C. for(i = 1;i <= 6;i++)a[i][i]= i;

　　D. for(i = 0;i < 3;i++)for(j = 0;j < 2;j++)a[j][i]= j * 3 + i + 1;

17. 若有说明 int a[3][4]={0};则下面正确的叙述是(　)

　　A. 数组 a 中每个元素均可得到初值 0

　　B. 只有元素 a[0][0]可得到初值 0

　　C. 此说明语句不正确

　　D. 数组 a 中各元素都可得到初值,但其值不一定为 0

18. 以下程序的输出结果是（　　　）

```
main()
{   int i,x[3][3]={1,2,3,4,5,6,7,8,9};
    for(i = 0;i < 3;i++)
    printf("%d,",x[i][2 - i]);
}
```

  A. 1,5,9,   B. 3,6,9,   C. 1,4,7,   D. 3,5,7,

19. 若二维数组 a 有 m 列,则在 a[i][j]前的元素个数为（　　　）

  A. $j*m+i$ B. $i*m+j$ C. $i*m+j+1$ D. $i*m+j-1$

20. 下列定义数组的语句中不止确的是（　　　）

  A. `static int a[2][3]={1,2,3,4,5,6};`
  B. `static int a[2][3]={{1},{4,5}};`
  C. `static int a[][3]={{1},{4}};`
  D. `static int a[][]={{1,2,3},{4,5,6}};`

21. 有如下程序

```
#include < stdio.h>
void change(int array[], int len)
{   for (;len> = 0; len --)
    array[len] *= 2;
}
main()
{   int array[5] = {2,3};
    change(array,4);
    printf("%d", array[1]);
}
```

  程序运行后的输出结果是（　　　）

  A. 3   B. 2   C. 5   D. 6

22. 若用数组名作为函数调用的实参,传递给形参的是（　　　）

  A. 数组的首地址   B. 数组第一个元素的值
  C. 数组中全部元素的值   D. 数组元素的个数

23. 已知函数 fun 的定义如下:

```
void fun(int x[],int y)
{   int k;
    for(k = 0;k < y;k++)   x[k]+= y;
}
```

  若 main 函数中有声明 int a[10]={10};及调用 fun 函数的语句,则正确的 fun 函数调用
  形式是（　　　）

  A. `fun(a[],a[0]);`   B. `fun(a[0],a[0]);`
  C. `fun(&a[0],a[0]);`   D. `fun(a[0],&a[0]);`

24. 读下列程序：

```
f(int b[], int n)
{  int i,r = 1;
    for(i = 0; i <= n; i++) r = r *b[i];
    return r;
}
main()
{  int x, a[]={2,3,4,5,6,7,8,9};
    x = f(a,3);
   printf("%d\n",x);
}
```

输出结果是（   ）

A. 720   B. 120   C. 24   D. 6

25. 有以下程序

```
#include < stdio.h>
#define N 4
int fun(int a[][N])
{  int i, y = 0;
    for(i = 0; i < N; i++)   y += a[i][i]+a[i][N-1-i];
    return y;
}
main( )
{  int y,x[N][N]={{1,1,1,1},{1,2,2,1},{1,2,2,1},{1,1,1,1}};
    y = fun(x);
    printf("%d",y);
}
```

执行后的输出结果是（   ）

A. 12   B. 24   C. 20   D. 16

二、程序填空

1. 下面程序的功能是将字符数组 a[6]={'a','b','c','d','e','f'}变为
a[6]= {'f','a','b','c','d','e'}。

```
main()
{  char t,a[6]={'a','b','c','d','e','f'};
    int i;
    /* * * * * * * * * * FILL * * * * * * * * * * */

    _____

    /* * * * * * * * * * FILL * * * * * * * * * * */
    for(i = 5;i> 0;i --)  _____
```

```
      a[0]=t;
      for(i = 0;i <= 5;i++)  printf("%c",a[i]);
    }
```

2. 输出数组 a[10] 所有元素中的最大值。

```
main ( )
{   int a[10]={1,2,3,4,5,6,7,8,9,10};
    int  j, max;
    /* * * * * * * * * *FILL* * * * * * * * * */
    ____  ____ ;
    for(j = 1;j < 10;j++)
    { if(a[j]> max)
     /* * * * * * * * * *FILL* * * * * * * * * */
     _____ ;}
    printf(" max value is %d\n", max);
}
```

3. 先为数组 a 输满数据,再为 x 输入一个数据,在数组 a 中找出第一个与 x 相等的元素并将其下标输出,若不存在这样的元素,则输出" Not found !"标志。

```
main( )
{ int i,x,a[10];
  /* * * * * * * * * * *FILL* * * * * * * * * */
  for(i = 0;i < 10;i ++ ) scanf("%d",_____ );
  scanf("%d",&x);printf("%d",x);
  /* * * * * * * * * * *FILL* * * * * * * * * */
  for(i = 0;i < 10;i ++) if(_____ ) break;
  /* * * * * * * * * * *FILL* * * * * * * * * */
  if (i ____10) printf(" position:%d\n",i);
  else printf(" Not found !\n",x);
}
```

4. 输入 10 个数据,对它们按从小到大的顺序进行选择排序。

```
main( )
{   int a[11];
    int i,j,t,min_loc;
    printf(" Input 10 numbers:\n");
    for(i = 1; i < 11;i++)
    scanf("%d",&a[i]);
    printf("\n");
    for (i = 1;i < 11;i++)
    { min_loc = i;
       /* * * * * * * * * *FILL* * * * * * * * * */
```

```
        for(j =_____ ;j < 11;j++)
        /* * * * * * * * * * FILL * * * * * * * * * */
        if (_____) min_loc = j;
        /* * * * * * * * * * FILL * * * * * * * * * */
        if(_____) { t = a[i];a[i]= a[min_loc];a[min_loc]= t; }
      }
      printf(" the sorted numbers:\n");
      for(i = 1;i < 11;i++) printf("%d",a[i]);
      printf("\n");
}
```

5. 给定程序中,函数 fun 的功能是:计算形参 x 所指数组中 N 个数的平均值(规定所有数均为正数),将所指数组中大于平均值的数据移至数组的前部,小于等于平均值的数据移至 x 所指数组的后部,平均值作为函数值返回,在主函数中输出平均值和移动后的数据。

例如,有 10 个正数:46 30 32 40 6 17 45 15 48 26,平均值为:30.500000
移动后的输出为:46 32 40 45 48 30 6 17 15 26

```
#include  < stdlib.h >
#include  < stdio.h >
#define N 10
double fun(double x[])
{   int i, j; double s, av, y[N];
    s = 0;
    for(i = 0; i < N; i++) s = s + x[i];
    /* * * * * * * * * * * FILL * * * * * * * * * * */
    av =_____  ;
    for(i = j = 0; i < N; i++)
      if(x[i]> av){
    /* * * * * * * * * * * FILL * * * * * * * * * * */
      y[_____ ]= x[i]; x[i]=- 1;}
    for(i = 0; i < N; i++)
    /* * * * * * * * * * * FILL * * * * * * * * * * */
      if(x[i]!=_____ ) y[j++]= x[i];
    for(i = 0; i < N; i++)x[i] = y[i];
    return av;
}
main ()
{    int i; double x[N];
     for(i = 0; i < N; i++){x[i]= rand()%50; printf("%4.0f ",x[i]);}
     printf("\n");
```

```
        printf("\nThe average is: %f\n",fun(x));
        printf("\nThe result:\n");
        for(i = 0; i < N; i++) printf("%5.0f ",x[i]);
        printf("\n");
    }
```

6. 给定程序中,函数 fun 的功能是:将 N×N 矩阵中元素的值按列右移 1 个位置,右边被移出矩阵的元素绕回左边。例如,N = 4,有下列矩阵:

21	12	13	24
25	16	47	38
29	11	32	54
42	21	33	10

计算结果为:

24	21	12	13
38	25	16	47
54	29	11	32
10	42	21	33

```c
#include    <stdio.h>
#define     N    4
void fun(int   t[][N])
{   int   i, j, x;
    /* * * * * * * * * * *FILL* * * * * * * * * * */
    for(i = 0; i <_____ ; i++)
      {
    /* * * * * * * * * * *FILL* * * * * * * * * * */
        x = t[i][_____] ;
        for(j = N - 1; j > 0; j --)      t[i][j]=t[i][j - 1];
    /* * * * * * * * * * *FILL* * * * * * * * * * */
        t[i][_____]= x;
      }
}
main()
{   int   t[][N]={21,12,13,24,25,16,47,38,29,11,32,54,42,21,33,10},
i, j;
    printf(" The original array:\n");
    for(i = 0; i < N; i++)
    {   for(j = 0; j < N; j++)  printf("%2d ",t[i][j]);
        printf("\n");
    }
    fun(t);
```

```
    printf("\nThe result is:\n");
    for(i = 0; i < N; i++)
    {   for(j = 0; j < N; j++) printf("%2d  ",t[i][j]);
        printf("\n");
    }
}
```

7. 产生并输出杨辉三角的前七行。

```
1
1    1
1    2    1
1    3    3    1
1    4    6    4    1
1    5    10   10   5    1
1    6    15   20   15   6    1
```

```
#include < stdio.h>
main ( )
{
    int a[7][7];
    int i,j;
    for (i = 0;i < 7;i++)
    {
        a[i][0]=1;
     /* * * * * * * * * * *FILL* * * * * * * * * * */

        _____
    }
    for (i = 2;i < 7;i++)
      /* * * * * * * * * * *FILL* * * * * * * * * */
      for (j = 1;j <_____  ;j++)
      /* * * * * * * * * * *FILL* * * * * * * * * */
        a[i][j]= _____ ;
    for (i = 0;i < 7;i++)
    {
        /* * * * * * * * * * *FILL* * * * * * * * * */
        for (j = 0; _____  ;j++)    printf("%6d",a[i][j]);
        printf("\n");
    }
}
```

三、程序改错

1. 以下 binary 函数的功能是利用二分查找法从数组 a 的 10 个元素中对关键字 m 进行查找,若找到,返回此元素的下标;若未找到,则返回值-1。

```c
/* * * * * * * * * * ERROR * * * * * * * * * * */
#define < stdio.h>
binary(int a[10],int m)
{   int low = 0,high = 9,mid;
    /* * * * * * * * * * ERROR * * * * * * * * * * */
     while(low < 10)
    {   mid =(low + high)/2;
    /* * * * * * * * * * ERROR * * * * * * * * * * */
        if(m < a[mid])   low = mid + 1;
        else if(m> a[mid])   low = mid + 1;
        else return(mid);
    }
    return(-1);
}
main()
{   int a[]={1,3,5,7,9,11,13,15,17,19},m,r;
    scanf("%d",&m);
    /* * * * * * * * * * ERROR * * * * * * * * * * */
    r = binary(a[],m);
    if(r ==-1) printf(" not found !");
    else   printf(" found:%d",r + 1);
}
```

2. 在一个已按升序排列的数组中插入一个数,插入后,数组元素仍按升序排列。

```c
#include < stdio.h>
#define N 11
main()
{
    int i,number,a[N]={1,2,4,6,8,9,12,15,149,156};
    printf(" please enter an integer to insert in the array:\n");
    /* * * * * * * * * * ERROR * * * * * * * * * * */
    scanf("%d",number)
    printf(" The original array:\n");
    for(i = 0;i < N - 1;i++)   printf("%5d",a[i]);
    printf("\n");
    /* * * * * * * * * * ERROR * * * * * * * * * * */
```

```
   for(i = N - 1;i > = 0;i --)
      if(number < = a[i])
      /* * * * * * * * * * *ERROR* * * * * * * * * * */
      a[i] = a[i - 1];
   else
   { a[i + 1] = number;
      /* * * * * * * * * * *ERROR* * * * * * * * * * */
      exit;
   }
   if(number < a[0]) a[0] = number;
   printf(" The result array: \n");
   for(i = 0;i < N;i++)  printf("%5d",a[i]);
   printf("\n");
}
```

3. 用起泡法对 n 个整数从小到大排序,n 不大于 10。

要求:1. 改错时,只允许修改现有语句中的一部分内容,不允许添加和删除语句。2. 提示行下一行为错误行。

```
#include "stdio.h"
/* * * * * * * * * * *ERROR* * * * * * * * * * */
void sort(int x,int n)
{
   int i,j,t;
   for(i = 0;i < n - 1;i++)
   for(j = n - 2;j > = i;j --)
      /* * * * * * * * * * *ERROR* * * * * * * * * * */
      if(x[j] < x[j + 1])
      { t = x[j];  x[j] = x[j + 1];   x[j + 1] = t;
      }
}
main()
{
   int i,n,a[10];
   printf(" please input the length of the array: \n");
   scanf("%d",&n);
   printf(" please input the  array: \n");
   for(i = 0;i < n;i++)  scanf("%d",&a[i]);
   /* * * * * * * * * * *ERROR* * * * * * * * * * */
   sort(a[10],n);
   printf(" output the sorted array: \n");
```

```
      /* * * * * * * * * ERROR * * * * * * * * * */
      for(i = 0;i < 10;i++)
        printf("%5d",a[i]);
      printf("\n");
      }
```

4. 找出一个二行三列二维数组中的最大值,输出该最大值及其行列下标,建议二维数组值由初始化给出。

要求:1. 改错时,只允许修改现有语句中的一部分内容,不允许添加和删除语句。2. 提示行下一行为错误行。

```
#include "stdio.h"
main()
{   int i,j,max,s,t;
    /* * * * * * * * * ERROR * * * * * * * * * */
    int a[2][]={1,34,23,56,345,7};
    /* * * * * * * * * ERROR * * * * * * * * * */
    max = 0;
    s = t = 0;
    for(i = 0;i < 2;i++)
    /* * * * * * * * * ERROR * * * * * * * * * */
      for(j = 1;j < 3;j++)
        if(a[i][j]> max) { max = a[i][j];   s = i;   t = j; }
    /* * * * * * * * * ERROR * * * * * * * * * */
    printf(" max = a[%d][%d]=%d\n",i,j,max);
    }
```

四、程序设计

1. 编写函数 void fun(int n,int a[]),按顺序将一个 4 位的正整数每一位上的数字存到一维数组,然后再输出。例如输入 5678,则输出结果为 5 6 7 8。

2. 从键盘为一维整型数组输入 10 个整数,调用 int fun(int x[],int n) 函数找出其中最小的数,并在 main 函数中输出。

注意:输入输出在 main 函数中完成,本题仅要求编写 fun 函数实现查找最小的数。

3. 编写函数 int fun(int a[],int n),找出一批 a 数组中 n 个正整数中的最大的偶数,并返回。

4. 编写函数 int fun(int a[], int n),删去一维数组中所有相同的数,使之只剩一个。数组中的数已按由小到大的顺序排列,函数返回删除后数组中的数据。

例如:一维数组中的数据是:2 2 2 3 4 4 5 6 6 6 7 7 8 9 9 10 10 10。

删除后数组中的内容应该是:2 3 4 5 6 7 8 9 10。

5. 编写函数 double fun(double   x[9]),计算并输出给定数组(长度为 9)中每相邻两个元素之平均值的平方根之和。

例如:给定数组中的 9 个元素依次为 12.0、34.0、4.0、23.0、34.0、45.0、18.0、3.0、11.0,输
   出应为:s = 35.951014。

6. 编写函数 int fun(int array[N][M]),求出 N×M 整型数组的最大元素及其所在的行坐
 标及列坐标(如果最大元素不唯一,选择位置在最前面的一个)。

  例如:输入的数组为:1 2 3
         4 15 6
         12 18 9
         10 11 2

求出的最大数为 18,行坐标为 2,列坐标为 1。

7. 程序定义了 N×N 的二维数组,并在主函数中赋值。请编写函数 double fun(int w[][N]),
 求出数组周边元素的平均值并作为函数值返回。

  例如:a 数组中的值为

$$a = \begin{vmatrix} 0 & 1 & 2 & 7 & 9 \\ 1 & 9 & 7 & 4 & 5 \\ 2 & 3 & 8 & 3 & 1 \\ 4 & 5 & 6 & 8 & 2 \\ 5 & 9 & 1 & 4 & 1 \end{vmatrix}$$

  则返回主程序的结果为:3.375000。

第九章　指　　针

一、单项选择

1. 若有说明"int *p1,*p2,m = 5,n;",以下均是正确赋值语句的选项是（　　）
　　A. p1 =&m; *p2 = *p1;　　　　　　　B. p1 =&m;p2 = p1;
　　C. p1 =&m;p2 =&p1　　　　　　　　D. p1 =&m;p2 =&n; *p1 = p2;

2. 若有说明"int i, j = 2, *p =&i;",则能完成 i=j 赋值功能的语句是（　　）
　　A. i = *p;　　　　　B. i =&j;　　　　　C. *p = * &j;　　　D. i = **p;

3. 若定义"int a = 511, *b =&a;",则 printf("%d\n", *b);的输出结果为（　　）
　　A. 512　　　　　　　B. 511　　　　　　　C. a 的地址　　　　D. 无确定值

4. 下列语句定义 p 为指向 float 类型变量 d 的指针,其中哪一个是正确的（　　）
　　A. float d, *p = d;　　　　　　　　B. float d, *p =&d;
　　C. float d,p = d;　　　　　　　　　D. float *p =&d,d;

5. 若有以下定义和语句,则以下选项中错误的语句是（　　）

　　　　int a = 4,b = 3, *p, *q, *w;
　　　　p =&a;q =&b;w = q;q = NULL;

　　A. *q = 0;　　　　　B. w = p;　　　　　C. *p = a;　　　　D. *p = * w;

6. 若有说明"double x = 3,c, *a =&x , *b =&c;",则下列语句中错误的是（　　）
　　A. a = b = 0;　　　B. a =&c,b = a;　　C. &a =&b;　　　D. *b = *a;

7. 若有定义"int x, *pb;",则以下正确的赋值表达式为（　　）
　　A. pb =&x　　　B. pb = x　　　C. *pb =&x　　　D. *pb = *x

8. 设变量定义为"int x, *p =&x;",则 &(*p)相当于（　　）
　　A. *(&x)　　　　　B. *p　　　　　　C. p　　　　　　D. x

9. 若有语句"int *point,a=4;",和"point =&a;",下面均代表地址的一组选项是（　　）
　　A. & *a, &a, *point　　　　　　　B. a, point, * &a
　　C. * &point, *point, &a　　　　　D. &a, & *point, point

10. 执行下列语句后的结果为（　　）

　　int x = 3,y;
　　int *px =&x;
　　y = *px ++;

　　A. x = 3,y = 4　　B. x = 3,y 不知　　C. x = 4,y = 4　　D. x = 3,y = 3

11. 若有说明"int i = 3, *p;p =&i;",下列语句中输出结果为 3 的是（　　）
　　A. printf("%d",p);　　　　　　　　B. printf("%d",&p);
　　C. printf("%d", *i);　　　　　　　D. printf("%d", *p);

12. 若有说明"int *p,m = 5,n;",以下正确的程序段是（　　）

A. scanf("%d",&n); *p = n;　　　　　B. p =&n; *p = m;

C. p =&n; scanf("%d", *p);　　　　D. p =&n; scanf("%d", &p);

13. 对于基本类型相同的两个指针变量之间,不能进行的运算是(　　)

A. +　　　　　　　B. <　　　　　　　C. =　　　　　　　D. -

14. 若有定义"char str[20], *p1, *p2; p1 = p2 = str;",则下列表达式中正确合理的是
(　　)

A. p1/= 5　　　B. p1 += 5　　　C. p1 =&p2　　　D. p1 * = p2

15. 有以下程序

```
void fun(char *c,int d)
{   *c = *c + 1;d = d + 1;
    printf("%c,%c,", *c,d);
}
main()
{ char a ='A',b ='a';
    fun(&b,a);
    printf("%c,%c\n",a,b);
}
```

程序运行后的输出结果是(　　)

A. B,a,B,a　　　B. a,B,a,B　　　C. A,b,A,b　　　D. b,B,A,b

16. 下列程序的运行结果是(　　)

```
void fun(int *a,int *b)
{   int *k;
    k = a; a = b; b = k;
}
main()
{   int a = 3,b = 6,*x =&a, *y =&b;
    fun(x,y);
    printf("%d %d",a,b);
}
```

A. 编译出错　　　B. 6 3　　　C. 3 6　　　D. 0 0

17. 以下程序的输出结果是(　　)

```
void sub(int x,int y,int *z)
{   *z = y - x;   }
main()
{   int a,b,c;
    sub(10,5,&a);   sub(7,a,&b);   sub(a,b,&c);
    printf("%d,%d,%d\n", a, b, c);
}
```

A. -5,-12,-7　　B. -5,-12,-17　　C. 5,-2,-7　　　D. 5,2,3

18. 以下程序的输出结果是(　　　)

```
main()
{   int k = 2,m = 4,n = 6;
    int *pk =&k, *pm =&m, *p;
    *(p = &n) = *pk *( *pm);
    printf("%d\n",n);
}
```

    A. 8　　　　　　　　B. 10　　　　　　　　C. 6　　　　　　　　D. 4

19. 以下程序的输出结果是(　　　)

```
void  sub(float x,float *y,float *z)
{   *y = *y - 1.0;
    *z = *z + x;
}
main()
{   float a = 2.5,b = 9.0,*pa,*pb;
    pa =&a;  pb =&b;
    sub(b - a,pa,pb);
    printf("%f\n",a);
}
```

    A. 10.500000　　　B. 9.000000　　　C. 1.500000　　　D. 8.000000

20. 数组名作为实参数传递给函数时,数组名被处理为(　　　)

    A. 该数组的长度　　　　　　　　　B. 该数组的元素个数
    C. 该数组的首地址　　　　　　　　D. 该数组中各元素的值

21. 以下程序段给数组所有元素输入数据,应在下划线处填入的是(　　　)

```
main()
{   int a[10],i = 0;
    while(i < 10) scanf("%d",_____ );
    …
}
```

    A. &a[i + 1]　　　B. a + i　　　　C. &a[++ i]　　　D. a +(i++)

22. 以下选项均为 fun 函数定义的头部,其中错误的是(　　　)

    A. int fun(int x, int y[])　　　　B. int fun(int x, int y[x])
    C. int fun(int x, int y[3])　　　　D. int fun(int x, int *y)

23. 设有定义"int x[10], *p =x,i;",若要为数组 x 读入数据,以下选项正确的是(　　　)

    A. for(i = 0;i < 10;i++) scanf("%d",x[i]);
    B. for(i = 0;i < 10;i++) scanf("%d", *(p + i));
    C. for(i = 0;i < 10;i++) scanf("%d", *p + i);
    D. for(i = 0;i < 10;i++) scanf("%d",p + i);

24. 对于函数声明"void fun(int a[1], int *b);"以下叙述中正确的是(　　　)

A. 声明有语法错误,参数 a 的数组大小必须大于 1

B. 调用该函数时,a 的值是对应实参数组的内容,b 的值是对应实参的地址

C. 调用该函数时,形参 a 仅复制实参数组中第一个元素

D. 函数参数 a,b 都是指针变量

25. 对于以下函数声明"void fun(int array[4],int *ptr);",以下叙述中正确的是（　　）

A. array 是数组,ptr 是指针,它们的性质不同

B. 调用 fun 函数时,实参将复制给 array 4 个整型值

C. 调用 fun 函数时,array 按值传送,ptr 按地址传送

D. array,ptr 都是指针变量

26. 以下程序的输出结果是（　　）

```
main()
{   int a[]={1,2,3,4},i,x = 0;
    for(i = 0;i < 4;i++)
    {   sub(a,&x);  printf("%d ",x);   }
    printf("\n");
}
sub(int *s,int *y)
{   static int t = 3;
    *y = s[t]; t --;
}
```

A. 4 4 4 4　　　　　B. 0 0 0 0　　　　　C. 1 2 3 4　　　　　D. 4 3 2 1

27. 有下列程序

```
#include < stdio.h>
int *f(int *s)
{   s+ = 1; * s+ = 6;   *s -- += 7;
    return s;
}
main()
{   int a[9]={1,2,3,4,5,6,7,8,9}, *p;
    p = f(a + 5);
    printf("%d,%d,%d,%d", a[0], a[1], *p, p[1]);
}
```

执行后的输出结果是（　　）

A. 6,20,6,20　　　　B. 6,15,6,15　　　　C. 1,2,20,8　　　　D. 1,2,6,20

28. 若有以下的定义"int t[3][2];",能正确表示 t 数组元素地址的表达式是（　　）

A. &t[3][2]　　　　B. &t[1]　　　　C. t[3]　　　　D. t[2]

29. 若有定义和语句"int a[4][5],(*cp)[5]; cp = a;",则对 a 数组元素引用正确的是（　　）

A. cp + 1　　　　　B. *(cp + 3)　　　　C. *(cp + 1)+ 3　　　D. *(*cp + 2)

30. 以下程序的输出结果是(　　)

```
main()
{   int a[3][4]={1,3,5,7,9,11,13,15,17,19,21,23};
    int ( *p)[4]=a,i,j,k = 0;
    for(i = 0;i < 3;i++)
        for(j = 0;j < 2;j++) k += *( *(p + i)+ j);
    printf("%d\n",k);
}
```

A. 68　　　　　　　B. 99　　　　　　　C. 60　　　　　　　D. 108

31. 已知有声明"int a[2][3]={0}, *p1 = a[1],(*p2)[3]= a;",以下表达式中与 "a[1][1]= 1"不等价的表达式是(　　)

A. *(*(p2 + 1)+ 1)= 1　　　　　　　B. p2[1][1]= 1

C. *(p1 + 1)= 1　　　　　　　　　　D. p1[1][1]= 1

32. 若有说明"int a[][2]={{1,2},{3,4}};",则 *(a + 1), *(*a + 1)的含义分别 为(　　)

A. &a[1][0],2　　B. &a[0][1],3　　C. 非法,2　　D. a[0][0],4

33. 有函数

```
int fun(int a[4][5], int *n)
{......}
```

调用函数之前需要对函数进行说明,以下对 fun 函数说明正确的是(　　)

A. int fun(int * *a[6],int n);　　B. int fun(int a[4][], int *n);

C. int fun(int b[][5], int *);　　D. int fun(int a[][5], int n);

34. char * match(char c)是(　　)

A. 函数调用　　　　　　　　　　B. 函数预说明

C. 函数定义的头部　　　　　　　　D. 指针变量说明

35. 在说明语句"int *f();",中,标识符 f 代表的是(　　)

A. 一个返回值为指针型的函数名　　B. 一个用于指向函数的指针变量

C. 一个用于指向一维数组的行指针　　D. 一个用于指向整型数据的指针变量

36. 若有说明"int (*ptr)( );",其中标识符 ptr 是(　　)

A. 一个指向整型变量的指针

B. 一个指针,指向一个函数返回值类型是 int 的函数

C. 一个指向数组变量的指针

D. 一个函数名

二、程序填空

1. 给定程序中,函数 fun 的功能是:计算 x 所指数组中 N 个数的平均值(规定所有数均为 正数),平均值通过形参返回主函数,将小于平均值且最接近平均值的数作为函数值返 回,在主函数中输出。

例如,有 10 个正数:46 30 32 40 6 17 45 15 48 26,平均值为:30.500000
主函数中输出:m = 30.0。

```c
#include <stdlib.h>
#include <stdio.h>
#define N 10
double fun(double x[],double *av)
{   int i,j; double d,s;
    s = 0;
    for(i = 0; i < N; i++) s = s + x[i];
    /* * * * * * * * * * * FILL * * * * * * * * * * */
    _____ = s/N;
    d = 32767;
    for(i = 0; i < N; i++)
      if(x[i]< *av &&*av - x[i]<= d)
      {/* * * * * * * * * * * FILL * * * * * * * * * * */
        d = *av - x[i]; j =_____;
      }
    /* * * * * * * * * * * FILL * * * * * * * * * * */
    return _____;
}
main()
{   int i; double x[N],av,m;
    for(i = 0; i < N; i++){x[i]= rand()%50; printf("%4.0f ",x[i]);}
    printf("\n");
    m = fun(x,&av);
    printf("\nThe average is: %f\n",av);
    printf(" m =%5.1f ",m);
    printf("\n");
}
```

2. 输入数组,最大的与最后一个元素交换,最小的与第一个元素交换,输出数组。

```c
#include <stdio.h>
void max_min(int array[10])
{
    int * max, * min,t,*p, *arr_end;
    arr_end = array + 10;
    max = min = array;
    for(p = array;p < arr_end;p ++)
      if( *p> * max)    max = p;
      else if( *p < * min)
```

```
    / * * * * * * * * * * FILL * * * * * * * * * * /
    _____ ;
    t = array[0];  array[0] = * min;  * min = t;
    if(max == array)
    / * * * * * * * * * * FILL * * * * * * * * * * /
    _____ ;
    t = array[9];
    / * * * * * * * * * * FILL * * * * * * * * * * /
    _____ ;
    * max = t;
}
void output(int array[10])
{
    int *p;
    / * * * * * * * * * * FILL * * * * * * * * * * /
    for(p = array;_____;p++)  printf("%d,", *p);
    printf("%d\n",array[9]);
}
void main()
{
    int number[10],i;
    for(i = 0;i < 10;i++)    scanf("%d",&number[i]);
    max_min(number);
    output(number);
}
```

3. 以下程序实现将 a 数组中后 8 个元素从大到小排序的功能。

```
void sort(int *x,int n);
main()
{   int a[12]={5,3,7,4,2,9,8,32,54,21,6,43},k;
    / * * * * * * * * * * FILL * * * * * * * * * * /
    sort(_____ ,8);
    for(k = 0;k < 12;k++)printf("%d  ",a[k]);
}
void sort(int *x,int n)
{   int j,t;
    if(n == 1) return;
    for(j = 1;j < n;j++)
    / * * * * * * * * * * FILL * * * * * * * * * * /
        if(_____)
```

```
        {t = x[0];x[0]= x[j];x[j]= t; }
        sort(x + 1,n - 1);
    }
```

三、程序改错

1. 给定程序中,函数 fun 的功能是:对于长整数 n 中的各个位置上的数值,分别统计出为 0
   和为 1 的个数,并传递回主函数输出。
   例如,若 n 的值为 120311,即为 0 的个数是 1;为 1 的个数是 3,则应输出:$c0 = 1, c1 = 3$。

```
#include < stdio.h>
void fun(long n,int *c0,int *c1)
{   int k;
    /* * * * * * * * * ERROR * * * * * * * * * * /
    *c0 = *c1 = 1;
    do
    { /* * * * * * * * * * ERROR * * * * * * * * * * /
        k = n/10;
        if(k == 0) ( *c0)++;
        if(k == 1) ( *c1)++;
    /* * * * * * * * * * ERROR * * * * * * * * * * /
        n = n - 10;
    } while (n);
}
main()
{   long n;   int c0,c1;
    printf(" input n:"); scanf("%ld",&n);
    fun(n,&c0,&c1);
    printf(" c0 =%d,c1 =%d\n",c0,c1);
}
```

2. 有 n 个人围成一圈,顺序排号。从第一个人开始报数(从 1 到 3 报数),凡报到 3 的人退
   出圈子,问最后留下的是原来第几号的那位。

```
#include "stdio.h"
#define nmax 50
main()
{   int i,k,m,n,num[nmax], *p;
    printf(" please input the total of numbers:");
    scanf("%d",&n);
    /* * * * * * * * * * ERROR * * * * * * * * * * /
    p = num[0];
    for(i = 0;i < n;i++) *(p + i)= i + 1;
```

```
        i = k = m = 0;
        /* * * * * * * * * * ERROR * * * * * * * * * * */
        while(m> n - 1)
        {    if( *(p + i)!= 0) k++;
            /* * * * * * * * * * ERROR * * * * * * * * * * */
            if( k != 3)
            {    *(p + i)= 0; k = 0;m++; }
            i++;
            if(i == n) i = 0;
        }
        while( *p == 0) p++;
        printf("%d is left\n", *p);
    }
```

3. 在一个一维整型数组中找出其中最大的数及其下标。

```
#include < stdio.h>
#define N 10
/* * * * * * * * * * * ERROR * * * * * * * * * * */
float fun(int *a,int *b,int n)
{    int *c,max = *a;
    for(c = a + 1;c < a + n;c++)
        if( *c> max)
        {    max = *c;
            /* * * * * * * * * * * ERROR * * * * * * * * * * */
            b = c - a;
        }
    return max;
}
void main()
{    int a[N],i,max,p = 0;
    printf(" please enter 10 integers:\n");
    for(i = 0;i < N;i++)
        /* * * * * * * * * * * ERROR * * * * * * * * * * */
        scanf("%d",a[i]);
    /* * * * * * * * * * * ERROR * * * * * * * * * * */
    max = fun(a,p,N);
    printf(" max =%d,position =%d",max,p);
}
```

四、程序设计

1. 请编写一个函数 float fun(float *a,int n),计算 n 门课程的平均分,计算结果作为函数值返回。

   例如:若有 5 门课程的成绩是:90.5,72,80,61.5,55,则函数的值为:71.80。

2. 请编写函数 void　fun (int x, int　pp[], int *n),求出能整除形参 x 且不是偶数的各整数,并按从小到大的顺序放在 pp 所指的数组中,这些除数的个数通过形参 n 返回。

   例如:若 x 中的值为:35,则有 4 个数符合要求,它们是:1,5,7,35。

3. 编写函数 void fun(char s[]),将一个由四个数字组成的字符串转换为每两个数字间有一个空格的形式输出。例如:输入"4567",应输出"4□5□6□7"(□表示空格)。

4. 请编写函数 void　fun(char　(*s)[N], char *b),将 M 行 N 列的二维数组中的字符数据按列的顺序依次放到一个字符串中。

   例如:二维数组中的数据为:

   W　W　W　W
   S　S　S　S
   H　H　H　H

   则字符串中的内容应是:WSHWSHWSHWSH。

第十章　字符串

一、单项选择

1. 设"char a[5]，*p = a;"，下面选择中正确的赋值语句是（　　　）
   A. *a = "abcd";　　　B. a = "abcd";　　　C. p = "abcd";　　　D. *p = "abcd";

2. 不正确的字符串赋值或赋初值的方式是（　　　）
   A. char str[]="string";
   B. char str[7]={'s','t','r','i','n','g'};
   C. char str[10];str = "string";
   D. char str[7]={'s','t','r','i','n','g', '\0'};

3. 若有数组 A 和 B 的声明"char A[ ]="ABCDEF",B[ ]={'A','B','C','D','E','F'};"，则数组 A 和数组 B 所占字节数分别是（　　　）
   A. 7,6　　　　　　　B. 6,7　　　　　　　C. 6,6　　　　　　　D. 7,7

4. 若有定义"char str[10]="China";"，数组元素个数为（　　　）
   A. 5　　　　　　　　B. 10　　　　　　　C. 6　　　　　　　　D. 9

5. 若有定义语句"char c[5]={'a','b','\0','c','\0'};"，则执行语句"printf ("%s", c);" 的结果是（　　　）
   A. ab c　　　　　　B. ab\0c　　　　　　C. 'a"b'　　　　　　D. ab

6. 以下涉及字符串数组、字符指针的程序片段,没有编译错误的是（　　　）
   A. char msg[11];msg ="/12345678/";
   B. char str1[8]="prog.c\0",str2[9];str2 = str1;
   C. char *str,name[2];str = "name";
   D. char *str,name[5]; name = "name";

7. 若有定义"char *s1 = "hello", *s2;s2 = s1;"，则（　　　）
   A. s2 指向不确定的内存单元　　　　　　B. s1 不能再指向其他单元
   C. 不能访问" hello"　　　　　　　　　　D. puts(s1);与 puts(s2);结果相同

8. 下列选项中正确的语句组是（　　　）
   A. char s[8]; s ={"Beijing"};　　　　　B. char *s; s ={"Beijing"};
   C. char s[8]; s ="Beijing";　　　　　　D. char *s; s ="Beijing";

9. 字符串指针变量中存入的是（　　　）
   A. 第一个字符　　　　　　　　　　　　B. 字符串
   C. 字符串的首地址　　　　　　　　　　D. 字符串变量

10. 以下程序段的输出结果为（　　　）
    char c[]="abc"; int i = 0;
    do ;while(c[i++]!='\0');printf("%d",i - 1);
    A. abc　　　　　　B. 3　　　　　　　　C. ab　　　　　　　D. 2

11. 程序运行中要输入某字符串时,不可使用的函数是(　　　)

    A. getchar()　　　　B. scanf()　　　　C. fread()　　　　D. gets()

12. 若有定义"char a[]="This is a program.";",输出前 5 个字符的语句是(　　　)

    A. printf("%s",a);　　　　　　　　B. a[5*2]=0;puts(a);

    C. printf("%.5s",a);　　　　　　　D. puts(a);

13. 以下程序的输出结果是(　　　)

```
main()
{   char  s[]="ABCD",*p;
    for(p=s;  p<s+4; p++)  printf("%s+ ", p);
}
```

    A. A+B+C+D+　　　　　　　　B. ABCD+ABC+AB+A+

    C. ABCD+BCD+CD+D+　　　　D. D+C+B+A+

14. 以下程序运行后的输出结果是(　　　)

```
main(   )
{   char a[7]="a0\0a0\0";  int i,j;
    i=sizeof(a);    j=strlen(a);
    printf("%d  %d",i,j);
}
```

    A. 2 2　　　　　B. 7 2　　　　　C. 7 5　　　　　D. 6 2

15. 以下程序段的输出结果是(　　　)

```
printf("%d\n", strlen("ATS\n012\1\\"));
```

    A. 8　　　　　　B. 11　　　　　　C. 10　　　　　D. 9

16. 有以下程序

```
#include <stdio.h>
#include <string.h>
main()
{   char str[50]="abc",str1[50]="abc", str2[50]="abc", str3[50];
    char *p1=str1,*p2=str2;
    strcpy(str3, strcat(p1,p2));
    strcpy(str+1,str3);
    printf("%s\n",str);
}
```

    程序运行后的输出结果是(　　　)

    A. aabcabc　　　　B. cabcabc　　　　C. abcabcabc　　　　D. bcabcabc

17. 库函数 strcpy 用以复制字符串。若有以下定义和语句:

    char str1[]="abc", str2[8], *str3, *str4="abcdefg";

    则以下库函数 strcpy 运行正确的是(　　　)

    A. strcpy(str1,"HELLO");　　　　　B. strcpy(str2,"HELLO");

    C. strcpy(str3,"HELLO");　　　　　D. strcpy(str4,"HELLO");

18. 若有定义"char s1[]="abc",s2[20],*t=s2;gets(t);",则下列语句中能够实现当字符串 s1 大于字符串 s2 时,输出 s2 的语句是(　　　)

　　A. `if(strcmp(s2,s1)> 0)puts(s2);`　　B. `if(strcmp(s1,t)> 0)puts(s2);`

　　C. `if(strcmp(s1,s1)> 0)puts(s2);`　　D. `if(strcmp(s2,t)> 0)puts(s2);`

19. 若有定义"char a1[]="abc",a2[80]="1234";",将 a1 串连接到 a2 串后面的语句是(　　　)

　　A. `strcat(a1,a2);`　　　　　　　　B. `strcat(a2,a1);`

　　C. `strcpy(a2,a1);`　　　　　　　　D. `strcpy(a1,a2);`

20. 若有定义"char a[10];",不能将字符串"abc"存储在数组中的是(　　　)

　　A. `strcpy(a,"abc");`

　　B. `int i;for(i = 0;i < 3;i++)a[i]= i + 97;a[i]= 0;`

　　C. `a ="abc";`

　　D. `a[0]= 0;strcat(a,"abc");`

21. 函数调用 `strcat(strcpy(str1,str2),str3)` 的功能是(　　　)

　　A. 将串 str2 连接到串 str1 之后再将串 str1 复制到串 str3 中

　　B. 将串 str1 复制到串 str2 中后再连接到串 str3 之后

　　C. 将串 str2 复制到串 str1 中后再将串 str3 连接到串 str1 之后

　　D. 将串 str1 连接到串 str2 之后再复制到串 str3 之后

22. 有如下程序段:

```
char p1[80]="Nanjing",p2[20]="Young", *p3 ="Olympic";
strcpy(p1,strcat(p2,p3));
printf("%s\n",p1);执行该程序段后的输出是(　　　)
```

　　A. `NanjingYoungOlympic`　　　　B. `YoungOlympic`

　　C. `Olympic`　　　　　　　　　　D. `Nanjing`

23. 有以下程序

```
#include < stdio.h>
#include < string.h>
#include < ctype.h>
void main( )
{ char s[20],c;int i = 0;
  gets(s);
  while(s[i])
  {  if(s[i]%2) s[i]=toupper(s[i]-'0'+ i +'a');
     else        s[i]=tolower(s[i]-'0'+ i +'A');
     i++;
  }
 puts(s);
}
```

　　若程序运行时输入:258769 <回车> ,则程序的输出结果是(　　　)

A. 967852　　　　　　B. OkKkGc　　　　　　C. CgKkKo　　　　　D. cGkKkO

24. 以下程序的输出结果是（　　）

```
#include <stdio.h>
#include <string.h>
void fun( char *w, int m)
{   char s, *p1, *p2;
    p1 = w;    p2 = w + m - 1;
    while(p1 < p2)
    {   s = *p1; *p1 = *p2;  *p2 = s; p1++; p2 --; }
}
main()
{   char a[] = "ABCDEFG";
    fun(a, strlen(a));
    puts(a);
}
```

A. AGADAGA　　　　B. AGAAGAG　　　　C. GFEDCBA　　　　D. GAGGAGA

25. 有以下程序,执行后输出结果是（　　）

```
main()
{   char *s[]={"one","two","three"}, *p;
    p = s[1];
    printf("%c,%s\n", *(p + 1), s[0]);
}
```

A. n,two　　　　　B. t,one　　　　　C. w,one　　　　　D. o,two

26. 对于定义"char *aa[2]={"abcd","ABCD"}",选项中说法正确的是（　　）

A. aa 数组元素的值分别是" abcd"和" ABCD"

B. aa 数组的两个元素分别存放的是含有 4 个字符的一维字符数组的首地址

C. aa 数组的两个元素中各自存放了字符' a'和' A'的地址

D. aa 是指针变量,它指向含有两个数组元素的字符型一维数组

27. 设有以下语句,若 0<k<4,下列选项中对字符串的非法引用是（　　）

```
char str[4][20]={"aaa","bbb","ccc","ddd"}, *strp[4];
int j;
for (j = 0;j < 4;j++)   strp[j] = str[j];
```

A. *strp　　　　B. strp[k]　　　　C. str[k]　　　　D. strp

28. 以下程序的输出结果是（　　）

```
main()
{   char ch[2][5]={"6937","8254"}, *p[2];
    int i,j,s = 0;
    for(i = 0;i < 2;i++) p[i] = ch[i];
    for(i = 0;i < 2;i++)
```

```
     for(j = 0;p[i][j]>'0'&& p[i][j]<='9';j += 2)
          s = 10*s+ p[i][j]-'0';
     printf("%d\n",s);
   }
```
    A. 69825   B. 693825   C. 6385   D. 63825

29. 以下程序的输出结果是（   ）
```
main()
{   int **k,  *a,b = 100;
    a = &;   k = &a;
    printf("%d\n", **k);
}
```
    A. b 的地址   B. 100   C. 运行出错   D. a 的地址

30. 以下程序的输出结果是（   ）
```
main()
   { char *alpha[6] = {"ABCD","EFGH","iJKL","MNOP","QRST","UVWX"};
     char  **p;
     int   i;
     p = alpha;
     for(i = 0; i < 4; i++)  printf("%s", p[i]);
     printf("\n");
   }
```
    A. ABCD   B. AeiM
    C. ABCDEFGHiJKL   D. ABCDEFGHiJKLMNOP

二、程序填空

1. 统计一个字符串中的字母、数字、空格和其他字符的个数。
```
#include "stdio.h"
main ()
{   char s1[80];int a[4]={0};
    int k;
    /* * * * * * * * * * * FILL * * * * * * * * * * * */
    _____;
    gets(s1);
    /* * * * * * * * * * * FILL * * * * * * * * * * * */
    _____;
    for(k = 0;k < 4;k++)
      printf("%4d",a[k]);
}
void fun(char s[],int b[])
```

```
{   int i;
    for (i = 0;s[i]!='\0';i++)
    if ('a'<= s[i]&&s[i]<='z'||'A'<= s[i]&&s[i]<='Z') //统计字母字符个数
        b[0]++;
    /* * * * * * * * * * *FILL* * * * * * * * * * */
    else if (_____  ) //统计数字字符个数
        b[1]++;
    /* * * * * * * * * * *FILL* * * * * * * * * * */
    else if (_____  ) //统计空格字符个数
        b[2]++;
    else      b[3]++;
}
```

2. 将一个字符串中下标为 m 的字符处开始的全部字符复制成另一个字符串。
```
#include < stdio.h>
void strcopy(char *str1,char *str2,int m)
{ char *p1,*p2;
   /* * * * * * * * * * *FILL* * * * * * * * * * */

   _____

  p2 = str2;
   while( *p1)
   /* * * * * * * * * * *FILL* * * * * * * * * * */

   _____

   /* * * * * * * * * * *FILL* * * * * * * * * * */

   _____

}
main()
{   int m;
    char str1[80],str2[80];
    gets(str1);    scanf("%d",&m);
   /* * * * * * * * * * *FILL* * * * * * * * * * */

   _____

    puts(str1);puts(str2);
}
```

3. 将两个字符串连接为一个字符串,不许使用库函数 strcat。
```
#include < stdio.h>
#include "string.h"
JOIN(char s1[80],char s2[40])
{   int i,j;
   /* * * * * * * * * * *FILL* * * * * * * * * * */
```

```
_____
/ * * * * * * * * * FILL * * * * * * * * * /
for (i = 0; _____'\0';i++)
  s1[i + j] = s2[i];
/ * * * * * * * * * * FILL * * * * * * * * * /
s1[i + j] = _____  ;
}
main ( )
{
    char str1[80],str2[40];
    gets(str1);gets(str2);
    puts(str1);puts(str2);
    / * * * * * * * * * * FILL * * * * * * * * * /

    _____
    puts(str1);
}
```

4. 删除字符串中的指定字符,字符串和要删除的字符均由键盘输入。

```
#include < stdio.h >
main()
{
    char str[80],ch;
    int i,k = 0;
    / * * * * * * * * * * FILL * * * * * * * * * /
    gets(_____);
    ch = getchar();
    / * * * * * * * * * * FILL * * * * * * * * * /
    for(i = 0; _____ ;i++)
      if(str[i]!= ch)
      { / * * * * * * * * * * FILL * * * * * * * * * /

        _____
        k++;
      }
    / * * * * * * * * * * FILL * * * * * * * * * /

    _____
    puts(str);
}
```

5. 给定程序中,函数 fun 的功能是:在形参 ss 所指字符串数组中查找与形参 t 所指字符串
相同的串,找到后返回该串在字符串数组中的位置(下标值),未找到则返回 - 1。ss 所指
字符串数组中共有 N 个内容不同的字符串,且串长小于 M。

请在程序的下划线处填入正确的内容并把下划线删除,使程序得出正确的结果。

注意:不得增行或删行,也不得更改程序的结构!

```c
#include <stdio.h>
#include <string.h>
#define N 5
#define M 8
int fun(char (*ss)[M],char *t)
{ int i;
  /* * * * * * * * * * *FILL* * * * * * * * * * */
  for(i=0; i<_____ ; i++)
  /* * * * * * * * * * *FILL* * * * * * * * * * */
    if(strcmp(ss[i],t)==0 ) return _____ ;
  return -1;
}
main()
{ char ch[N][M]={"if","while","switch","int","for"},t[M];
  int n,i;
  printf("\nThe original string\n\n");
  for(i=0;i<N;i++)puts(ch[i]); printf("\n");
  printf("\nEnter a string for search: "); gets(t);
  n=fun(ch,t);
  /* * * * * * * * * * *FILL* * * * * * * * * * */
  if(n==_____) printf("\nDon't found !\n");
  else printf("\nThe position is %d .\n",n);
}
```

三、程序改错

1. 将 s 所指字符串的反序和正序进行连接,形成一个新串放在 t 所指的数组中。

   例如:当 s 所指的字符串的内容为" ABCD"时,t 所指数组中的内容为" DCBAABCD"。

```c
#include <stdio.h>
#include <string.h>
/* * * * * * * * * * *ERROR* * * * * * * * * * */
void fun (char s, char t)
{
    int i, d;
    /* * * * * * * * * * *ERROR* * * * * * * * * * */
    d = len(s);
    /* * * * * * * * * * *ERROR* * * * * * * * * * */
    for (i = 1; i < d; i++)
```

```
    t[i] = s[d - 1 - i];
    for (i = 0; i < d; i++)
      t[ d + i ] = s[i];
    /* * * * * * * * * *ERROR* * * * * * * * * */
    t[2 * d] ='/0';
  }
main()
{
    char    s[100], t[100];
    printf("\nPlease enter string S:");
    scanf("%s", s);
    fun(s, t);
    printf("\nThe result is: %s\n", t);
}
```

2. 输入一行英文文本,将每一个单词的第一个字母变成大写,规定单词间以空格分隔。
   例如:输入" This is a C program.",输出为" This Is A C Program."。

```
#include < ctype.h>
#include < stdio.h>
/* * * * * * * * * * *ERROR* * * * * * * * * * */
fun(char p)
{   int k = 0;
    /* * * * * * * * * * *ERROR* * * * * * * * * * */
    while( *p =='\0')
    {   if(k == 0 && *p !=' ')
      {   *p = toupper( *p);
        /* * * * * * * * * * *ERROR* * * * * * * * * * */
        k = 0;
      }
      else if( *p !=' ')     k = 1;
        else    k = 0;
      /* * * * * * * * * * *ERROR* * * * * * * * * * */
      *p++;
    }
}
main()
{
    char str[81];
    printf(" please input a English text line:");    gets(str);
    printf(" The original text line is :");    puts(str);
```

```
    fun(str);
    printf(" The new text line is :");  puts(str);
}
```

3. 给定程序中函数 fun 的功能是：逐个比较 p、q 所指两个字符串对应位置中的字符，把 ASCII 值大或相等的字符依次存放到 c 所指数组中，形成一个新的字符串。例如，若主函数中 a 字符串为：aBCDeFgH，主函数中 b 字符串为：ABcd，则 c 中的字符串应为：aBcdeFgH。

```
#include < stdio.h>
#include < string.h>
void  fun(char *p ,char * q, char *c)
{ /* * * * * * * * * * * *ERROR* * * * * * * * * * * * */
    int k = 1;
    /* * * * * * * * * * * *ERROR* * * * * * * * * * * * */
    while( *p != *q )
    {  if( *p <*q )  c[k]=*q;
       else         c[k]=*p;
       if( *p) p++;
       if( *q) q++;
       k++;
     }
}
main()
{    char   a[10]="aBCDeFgH", b[10]="ABcd", c[80]={'\0'};
     fun(a,b,c);
     printf("The string a:  ");  puts(a);
     printf("The string b:  ");  puts(b);
     printf("The result  :  ");  puts(c);
}
```

4. 给定程序中函数 fun 的功能是：比较两个字符串，将长的那个字符串的首地址作为函数值返回。

```
#include < stdio.h>
/* * * * * * * * * * *ERROR* * * * * * * * * * * */
char fun(char *s,  char * t)
{ int  sl = 0,tl = 0;   char  *ss, * tt;
  ss = s;    tt = t;
  while( *ss)
  {  sl++;
     /* * * * * * * * * * *ERROR* * * * * * * * * * * */
     ( *ss)++;
```

```
          }
       while( * tt)
       {  tl++;
          / * * * * * * * * * * ERROR * * * * * * * * * * /
          ( * tt)++;
       }
       if(tl> sl)  return  t;
       else        return  s;
    }
    main()
    {  char  a[80],b[80];
       printf("\nEnter a string :  "); gets(a);
       printf("\nEnter a string again :  "); gets(b);
       printf("\nThe longer is :\n\n\"%s\"\n",fun(a,b));
    }
```

四、程序设计

1. 编写函数 void count(char c[])分别统计字符串 c 中字母、数字、空格和其他字符出现的次数(字符长度小于 80)。

2. 编写函数 void copy(char str1[],char str2[])实现将第二个串复制到第一个串中，不允许用 strcpy 函数。

3. 编写函数 void len_cat(char c1[],char c2[])将第二个串连接到第一个串之后,不允许使用 strcat 函数。

4. 编写函数 void fun(char *s,int num)对长度为 num 个字符的字符串,按字符 ASCII 码值降序排列。
   例如:原来的字符串为 CEAedcab,排序后输出为 edcbaECA。

5. 编写函数 void fun(char str[],int i,int n),从字符串 str 中删除第 i 个字符开始的连续 n 个字符(注意:str[0]代表字符串的第一个字符)。

6. 编写函数 void fun(char *s,char t[]),将 s 所指字符串中除了下标为奇数、同时 ASCII 值也为奇数的字符之外,其余的所有字符都删除,串中剩余字符所形成的一个新串放在 t 所指的数组中。
   例如:若 s 所指字符串中的内容为:"ABCDEFG12345",其中字符 A 的 ASCII 码值虽为奇数,但所在元素的下标为偶数,因此必需删除;而字符 1 的 ASCII 码值为奇数,所在数组中的下标也为奇数,因此不应当删除,其他依此类推。最后 t 所指的数组中的内容应是:"135"。

7. 编写函数 int fun(char *str,char *substr),统计一个长度为 2 的字符串 substr 在另一个字符串 str 中出现的次数。
   例如:假定 str 字符串为:asdasasdfgasdaszx67asdmklo,substr 字符串为:as ,则应输出 6。

8. 请编写函数 void fun(char a[M][N], char *b),将放在字符串数组中的 M 个字符串(每串的长度不超过 N),按顺序合并组成一个新的字符串,放在 b 指向的数组中。

　　例如:字符串数组中的 M 个字符串为:AAAA　　BBBBBBB　　CC,则合并后的字符串的内容应是:AAAABBBBBBBCC。

9. 编写函数 int fun(char *ptr)过滤串,即只保留串中的字母字符,并统计新生成串中包含的字母个数作为函数的返回值。

10. 编写函数 char *fun(char (*s)[81],int n),统计并比较 s 数组中 n 个字符串的长度,函数返回最长串的首地址。

第十一章　构造数据类型

一、单项选择

1. 以下所列对结构类型变量 td1 的声明中错误的是（　　　）

  A. typedef struct aa
    { int n; float m; }AA;
    AA　td1;

  B. #define AA struct aa
    AA{ int n; float m; } td1;

  C. struct
    { int n; float m; } aa;
    struct aa td1;

  D. struct
    { int n; float m; } td1;

2. 相同结构体类型的变量之间，可以（　　　）

  A. 比较大小　　　　B. 地址相同　　　　C. 赋值　　　　　　D. 相加

3. 若有定义：

```
struct tp
{ float a;
   char class;
}stu;
```

则对成员 class 的正确引用是（　　　）

  A. stu -> class　　B. stu.class　　C. stu> class　　D. stu * class

4. 设有以下说明语句

```
struct ex
{ int x ; float y; char z ;} example;
```

则下面的叙述中不正确的是（　　　）

  A. struct 结构体类型的关键字　　　　B. example 是结构体类型名
  C. x,y,z 都是结构体成员名　　　　　　D. struct ex 是结构体类型

5. 定义一个结构体变量时系统分配给它的内存是（　　　）

  A. 成员中占内存量最大者所需的容量　　B. 结构体中最后一个成员所需内存量
  C. 至少为各成员所需内存量的总和　　　D. 结构体中第一个成员所需内存量

6. 结构体类型的定义允许嵌套是指（　　　）

  A. 定义多个结构体型　　　　　　　　　B. 成员可以重名
  C. 结构体型可以派生　　　　　　　　　D. 成员是已经或正在定义的结构体型

7. 以下程序的输出结果是（　　　）

```
main()
{ struct  cmplx
  { int  x;
    int  y;
```

```
    }cnum[2] = {1, 3, 2, 7};
    printf("%d\n", cnum[0].y / cnum[0].x * cnum[1].x);
}
```
　　A. 0　　　　　　　　B. 3　　　　　　　　C. 6　　　　　　　　D. 1

8. 根据以下定义,能输出字母 M 的语句是(　　)

```
struct  person
{ char   name[9];
  int    age;
};
struct person
class[4]={{"John",17},{"Paul",19},{"Mary",18},{"Adam",16}};
A. printf("%c\n",class[3].name[1]);
B. printf("%c\n",class[2].name[0]);
C. printf("%c\n",class[2].name[1]);
D. printf("%c\n",class[3].name);
```

9. 设有结构定义及变量声明如下:

```
struct  produce
{  char    code[5];
   float   price;
}y[4]={"100",100};
```
以下表达式中错误的是(　　)

　　A. (*y).code[0]='2';　　　　　B. y[0].code[0]='2';

　　C. y -> price = 100;　　　　　D. (*y) -> price = 100;

10. 若 main 函数中有以下定义、声明和语句:

```
struct test
{ int a;
  char *b;
};
char str1[]="United states of American",str2[]="England";
struct test x[2],*p = x;
x[0].a = 300;  x[0].b = str1;
x[1].a = 400;  x[1].b = str2;
```
则不能输出字符串"England"的语句是(　　)

　　A. puts(x[1].b);　　　　　B. puts((x + 1) -> b);

　　C. puts((++x) -> b);　　　　D. puts((++p) -> b);

11. 有以下程序:

```
struct s
{ int x;
  int y;
```

```
}data[2]={10,100,20,200};
main()
{ struct s *p=data;
printf("%d\n",++(p -> x));
}
```

程序运行后的输出结果是（   ）

A. 10   B. 11   C. 20   D. 21

12. 已知有如下的结构类型定义和变量声明：

```
struct student
{ int num;
  char name[10];
}stu={1,"marry"}, *p =&stu;
```

则下列语句中错误的是（   ）

A. printf("%d",stu.num);   B. printf("%d",(&stu)-> num);

C. printf("%d",&stu -> num);   D. printf("%d",p -> num);

13. 有以下说明和定义语句（   ）

```
struct student
{  int age;
   char num[8];
};
struct student stu[3] = {{20,"20041"}, {21,"20042"},{19,"20043"}};
struct student *p = stu;
```

以下选项中引用结构体变量成员的表达式错误的是

A. (*p).num   B. (p++)-> num   C. stu[3].age   D. p -> num

14. 以下程序运行后的输出结果是（   ）

```
struct  STU
 { char  name[10];
   int  num;
   int  score;
};
main()
 { struct STU s[5]={{"YangSan",20041,703},{"LiSiGuo",20042, 580},
      {"WangYin", 20043, 680}, {"SunDan", 20044, 550}, {"Penghua", 20045,
537}};
   struct STU *p[5], * t;
   int i,j;
   for(i = 0;i < 5;i++) p[i]=&s[i];
   for(i = 0;i < 4;i++)
       for(j = i + 1;j < 5;j++)
```

```
        if(p[i]-> score> p[j]-> score) {t =p[i]; p[i]=p[j]; p[j]=t;}
    printf("%d %d\n",s[1].score, p[1]-> score);
    }
```

A. 580 680　　　　　B. 680 680　　　　　C. 580 550　　　　　D. 550 580

15. 以下叙述中错误的是(　　)

A. 可以用 typedef 将已存在的类型用一个新的名字来代表

B. 可以通过 typedef 增加新的类型

C. 用 typedef 可以为各种类型起别名,但不能为变量起别名

D. 用 typedef 定义新的类型名后,原有类型名仍有效

16. 若要说明一个类型名 STP,使得定义语句 STP s 等价于 char *s,以下选项中正确的是
(　　)

A. typedef char * STP;　　　　　B. typedef *char STP;

C. typedef stp *char;　　　　　D. typedef STP char *s;

17. 若有定义

```
typedef int *T[10];
T b;
```

则以下选项中 a 的类型与上述定义中 b 的类型完全相同的是(　　)

A. int *a[10];　　　　　B. int a[10];

C. int (*a)[10];　　　　　D. int (*a[10])();

18. 若有定义

```
typedef double T[5];
T a;
```

则 sizeof(a)的值是(　　)

A. 8　　　　　B. 15　　　　　C. 4　　　　　D. 40

19. 以下叙述中正确的是(　　)

A. 结构体中可以含有指向本结构体的指针成员

B. 结构体变量的地址不能作为实参传给函数

C. 结构体数组名不能作为实参传给函数

D. 即使是同类型的结构体变量,也不能进行整体赋值

20. 以下程序运行后,输出结果是(　　)

```
struct stu
{  int num;    char name[10];    int age;
};
void fun(struct stu *p)
{   printf("%s\n",( *p).name);   }
main()
{   struct stu students[3]={{9801,"Zhang",20},{9802,"Wang",19},{9803,"
Zhao",18}};
    fun(students + 2);
```

　　}
　　A. Zhang　　　　　B. Wang　　　　　C. Zhao　　　　　D. 出错

21. 以下程序运行后的输出结果是(　　　)

```
struct STU
{ char name[10];    int num;  };
void  f1(struct STU c)
{ struct STU b ={"LiSiGuo", 2042};
  c =b;
}
void f2(struct STU   *c)
{ struct STU b ={"SunDan",2044};
  *c =b;
}
main()
{ struct STU a ={"YangSan",2041},b ={"WangYin",2043};
  f1(a);  f2(&b);
  printf("%d %d\n",a.num,b.num);
}
```
　　A. 2041 2043　　　　B. 2042 2044　　　　C. 2041 2044　　　　D. 2042 2043

22. 使用共用体变量,不可以(　　　)
　　A. 同时访问所有成员　　　　　　　B. 进行动态管理
　　C. 简化程序设计　　　　　　　　　D. 节省存储空间

23. 已知字符0的ASCII码值的十进制数是48,且数组的第0个元素在低位,以下程序的输出结果是(　　　)

```
main()
{  union
   {  int   i[2];
      long  k;
      char  c[4];
   } r,  *s = &r;
   s -> i[0] = 0x39;
   s -> i[1] = 0x38;
   printf("%x\n",s -> c[0]);
}
```
　　A. 38　　　　　　B. 9　　　　　　C. 39　　　　　　D. 8

24. 以下对枚举类型名的定义中正确的是(　　　)
　　A. enum a {"sum","mon","tue"};
　　B. enum a ={sum,mon,tue};
　　C. enum a ={"sum","mon","tue"};

D. enum a {sum = 9,mon =- 1,tue};

25. 在下列程序段中,枚举变量 c1,c2 的值依次是(　　)

enum color {red,yellow,blue = 4,green,white} c1,c2;

c1 = yellow;c2 = white;

printf("%d,%d\n",c1,c2);

A. 1,6　　　　　　B. 1,4　　　　　　C. 2,6　　　　　　D. 2,5

26. 若有定义"enum a {sum = 9,mon =- 1,tue};",定义了(　　)

A. 枚举变量　　　B. 整数 9 和-1　　C. 3 个标识符　　D. 枚举数据类型

27. 设有以下语句

struct st

{　int n;

　　struct st *next;

};

struct st a[3]={5,&a[1],7,&a[2],9,NULL}, *p;

p =&a[0];

则值为 6 的表达式是(　　)

A. (*p).n++　　B. p -> n++　　　C. ++p ->n　　　D. p++->n

28. 若有定义"int *p =(int *)malloc(sizeof(int));",则向内存申请到内存空间存入整数 123 的语句为(　　)

A. scanf("%d",p);　　　　　　　B. scanf("%d",&p);

C. scanf("%d", * *p);　　　　　　D. scanf("%d", *p);

29. 以下程序运行后的输出结果是(　　)

```
#include < stdio.h>
#include < stdlib.h>
void fun( double *p1,double *p2,double *s )
{   s =(double * )calloc( 1,sizeof(double) ); *s = *p1 + *p2;
}
main()
{   double a[2]={1.1,2.2}, b[2]={ 10.0,20.0 }, * q = NULL;
    fun( a,b,q );
    printf("%5.2f\n", * q );
}
```

A. 有运行错误　　B. 输出 21.10　　C. 输出 11.10　　D. 输出 12.10

30. 以下程序运行后的输出结果是(　　)

```
#include  < stdio.h>
struct NODE
{ int num;
  struct NODE *next;  };
main()
```

```
{   struct NODE *p, * q, * r;
    int sum = 0;
    p =(struct NODE * )malloc(sizeof(struct NODE));
    q =(struct NODE * )malloc(sizeof(struct NODE));
    r =(struct NODE * )malloc(sizeof(struct NODE));
    p -> num = 1; q -> num = 2; r -> num = 3;
    p -> next = q; q -> next = r ; r -> next = NULL;
    sum += q -> next -> num;   sum += p -> num;
    printf("%d\n", sum);
}
```

    A. 4   B. 3   C. 5   D. 0

31. 在一个单链表中,若删除 p 所指结点的直接后继结点,则执行(　　)

    A. q = p -> next;p -> next = q -> next;free(q);

    B. p = p -> next;　p -> next = p -> next -> next;

    C. p -> next = p -> next;

    D. p = p -> next -> next;

32. 若已建立下面的链表结构,指针 p、s 分别指向图中所示结点,则不能将 s 所指的结点插入链表末尾的语句组(　　)

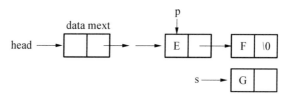

    A. s -> next = NULL; p = p -> next; p -> next = s;

    B. p = p -> next; s -> next = p;　p -> next = s;

    C. p = (*p).next;　(*s).next = (*p).next;　(*p).next = s;

    D. p = p -> next;　s -> next = p -> next; p -> next = s;

二、程序填空

1. 下面程序的作用是输入 50 个学生的相关信息。

```
sruct student
{ long   num;
   char   name[20];
}stu[50];
main()
{   int i;
    /* * * * * * * * * * *FILL* * * * * * * * * * */
    for(i = 0; _____ ;i++)
      /* * * * * * * * * * *FILL* * * * * * * * * * */
```

```
    scanf("%ld%s",&stu[i].num , _____ );
}
```

2. 利用指向结构的指针编写求某年、某月、某日是第几天的程序,其中年、月、日和年天数用结构表示。

```
#include < stdio.h>
void main( )
{
    /* * * * * * * * * * * *FILL* * * * * * * * * * * */
    _____ date
    {
        int y,m,d,n;
    /* * * * * * * * * * * *FILL* * * * * * * * * * * */
    }_____
    int k,f,a[12]={31,28,31,30,31,30,31,31,30,31,30,31};
    printf(" date:y,m,d =");
    scanf("%d,%d,%d",&x.y,&x.m,&x.d);
    f = x.y%4 == 0 &&x.y%100!= 0||x.y%400 == 0;
    /* * * * * * * * * * * *FILL* * * * * * * * * * * */
    a[1]+=_____;
    if(x.m < 1||x.m> 12||x.d < 1||x.d> a[x.m - 1])exit(0);
    for(x.n = x.d,k = 0;k < x.m - 1;k++)
        x.n += a[k];
    /* * * * * * * * * * * *FILL* * * * * * * * * * * */
    printf("n =%d\n",_____ );
}
```

3. 程序通过定义学生结构体变量,存储了学生的学号、姓名和 3 门课的成绩。函数 fun 的功能是将形参 a 所指结构体变量 s 中的数据进行修改,并把 a 中地址作为函数值返回主函数,在主函数中输出修改后的数据。

例如:a 所指变量 s 中的学号、姓名、和三门课的成绩依次是:10001、" ZhangSan "、95、80、88,修改后输出 t 中的数据应为:10002、" LiSi "、96、81、89。

```
#include  < stdio.h>
#include  < string.h>
struct student {
    long sno;
    char name[10];
    float score[3];
};
/* * * * * * * * * * *FILL* * * * * * * * * * * */
_____ fun(struct student *a)
```

```
{   int i;
    a -> sno = 10002;
    strcpy(a -> name, "LiSi");
    /* * * * * * * * * *FILL* * * * * * * * * * */
    for (i = 0; i < 3; i++) _____ += 1;
    /* * * * * * * * * * *FILL* * * * * * * * * * */
    return _____ ;
}
main()
{ struct student s = {10001,"ZhangSan", 95, 80, 88}, * t;
    int i;
    printf("\n\nThe original data :\n");
    printf("\nNo: %ld Name: %s\nScores: ",s.sno, s.name);
    for (i = 0; i < 3; i++) printf("%6.2f ", s.score[i]);
    printf("\n");
    t = fun(&s);
    printf("\nThe data after modified :\n");
    printf("\nNo: %ld Name: %s\nScores: ",t -> sno, t -> name);
    for (i = 0; i < 3; i++) printf("%6.2f ", t -> score[i]);
    printf("\n");
}
```

4. 人员的记录由编号和出生年、月、日组成,N 名人员的数据已在主函数中存入结构体数组 std 中,且编号唯一。函数 fun 的功能是:找出指定编号人员的数据,作为函数值返回,由主函数输出,若指定编号不存在,返回数据中的编号为空串。

```
#include < stdio.h >
#include < string.h >
#define N 8
typedef struct
{ char num[10];
    int year,month,day ;
}STU;
/* * * * * * * * * * *FILL* * * * * * * * * * * */
_____ fun(STU *std, char *num)
{   int i; STU a ={"",9999,99,99};
    for (i = 0; i < N; i++)
    /* * * * * * * * * * *FILL* * * * * * * * * * */
        if(strcmp(_____,num)== 0)
        /* * * * * * * * * * *FILL* * * * * * * * * * */
            return (_____);
```

```
        return a;
    }
main()
{   STU std [ N ] = { {"111111", 1984, 2, 15 }, {"222222", 1983, 9, 21 },
{"333333",1984,9,1},{"444444",1983,7,15},{"555555",1984,9,28},{"666666",
1983,11,15},{"777777",1983,6,22},{"888888",1984,8,19}}};
    STU p; char n[10]="666666";
    p = fun(std,n);
    if(p.num[0]== 0)    printf("\nNot found !\n");
    else
    {printf("\nSucceed !\n ");
      printf("%s %d -%d -%d\n",p.num,p.year, p.month,p.day);
    }
}
```

5. 以下程序按结构成员 grade 的值从大到小对结构数组 pu 的全部元素进行排序,并输出经过排序后的 pu 数组全部元素的值,排序算法为选择法。

```
#include < stdio.h>
/ * * * * * * * * * * FILL * * * * * * * * * * /
_____ struct
  {  int id;
     int grade;
  }STUD;
  void main
  { STUD pu[10]={{1,4},{2,9},{3,1},{4,5},{5,3},{6,2},{7,8},{8,6},{9,
5},{10,2}},temp;
  int i,j,k;
  for(i = 0;i < 9;i++)
  {  / * * * * * * * * * * FILL * * * * * * * * * * /
    k =_____ ;
    for(j = i + 1;j < 10;j++)
     / * * * * * * * * * * FILL * * * * * * * * * * /
      if(_____)   k = j;
    if(k!= i)
     { temp = pu[i]; pu[i]= pu[k];pu[k]= temp; }
  }
  for(i = 0;i < 10;i++)
  printf("\n%2d:%d",pu[i].id,pu[i].grade);
  printf("\n");
}
```

6. 给定程序的主函数中,已给出由结构体构成的链表结点 a、b、c,各结点的数据域中均存入字符,函数 fun()的作用是:将 a、b、c 三个结点连接成一个单向链表,并输出链表结点中的数据。

```
#include  < stdio.h>
typedef  struct  list
{ char  data;
   struct list  *next;
} Q;
void fun( Q *pa, Q *pb, Q *pc)
{ Q   *p;
  /* * * * * * * * * *FILL* * * * * * * * * * */
  pa -> next =_____  ;
  pb -> next = pc;
  p = pa;
  while( p )
  {/* * * * * * * * * *FILL* * * * * * * * * * */
    printf(" %c",_____ );
    /* * * * * * * * * *FILL* * * * * * * * * * */
    p =_____  ;
  }
  printf("\n");
}
main()
{  Q  a, b, c;
   a.data = 'E';  b.data = 'F';  c.data = 'G';  c.next = NULL;
   fun( &a, &b, &c );
}
```

7. 给定程序中,函数 fun 的功能是:在带有头结点的单向链表中,查找数据域中值为 ch 的结点。找到后通过函数值返回该结点在链表中所处的顺序号;若不存在值为 ch 的结点,函数返回 0 值。

```
#include < stdio.h>
#include < stdlib.h>
#define N 8
typedef struct list
{ int data;
  struct list *next;
} SLIST;
SLIST *creatlist(char *);
int fun(SLIST *h, char ch)
```

```
{ SLIST *p; int n = 0;
  p = h -> next;
  /* * * * * * * * * * FILL * * * * * * * * * */
  while(p != _____ )
  {  n++;
      /* * * * * * * * * * FILL * * * * * * * * * */
      if (p -> data == ch) return _____ ;
      else p = p -> next;
  }
  return 0;
}
main()
{  SLIST *head; int k; char ch;
   char a[N]={'m','p','g','a','w','x','r','d'};
   head = creatlist(a);
   printf("Enter a letter:"); scanf("%c",&ch);
/* * * * * * * * * * FILL * * * * * * * * * */
   k = fun(_____);
   if (k == 0) printf("\nNot found !\n");
   else printf("The sequence number is : %d\n",k);
}
SLIST *creatlist(char *a)
{  SLIST *h, *p, * q; int i;
   h = p =(SLIST * )malloc(sizeof(SLIST));
   for(i = 0; i < N; i++)
   {  q =(SLIST * )malloc(sizeof(SLIST));
      q -> data = a[i]; p -> next = q;
      /* * * * * * * * * * FILL * * * * * * * * * */
      _____ ;
   }
   /* * * * * * * * * * FILL * * * * * * * * * */
   _____ ;
   return h;
}
```

8. 给定程序中,函数 fun 的功能是将带头节点的单向链表结点数据域中的数据从小到大排序。即若原链表结点数据域从头至尾的数据为:10、4、2、8、6,排序后链表结点数据域从头至尾的数据为:2、4、6、8、10。

```
#include  < stdio.h >
#include  < stdlib.h >
```

```
#define    N    6
typedef struct node {
  int   data;
  struct node   *next;
} NODE;
void fun(NODE   *h)
{ NODE   *p, * q;    int   t;
  /* * * * * * * * * * *FILL* * * * * * * * * * */
  p = _____ ;
  while (p)
  /* * * * * * * * * * *FILL* * * * * * * * * * */
  { q = _____ ;
    while (q)
 /* * * * * * * * * * *FILL* * * * * * * * * * */
    {  if (p -> data_____ q -> data)
      { t = p -> data;  p -> data = q -> data;  q -> data = t;  }
      q = q -> next;
     }
    p = p -> next;
  }
}
NODE *creatlist(int   a[])
{   NODE   *h, *p, * q;       int   i;
    h = (NODE * )malloc(sizeof(NODE));
    h -> next = NULL;
    for(i = 0; i < N; i++)
    { q =(NODE * )malloc(sizeof(NODE));
      q -> data = a[i];    q -> next = NULL;
      if (h -> next == NULL)  h -> next = p = q;
      else   { p -> next = q;  p = q;   }
    }
     return   h;
}
void outlist(NODE   *h)
{  NODE   *p;
   p = h -> next;
   if (p == NULL)  printf(" The list is NULL ! \n");
   else
   {  printf("\nHead   ");
```

```
        do
        { printf("->%d", p -> data); p = p -> next;   }
        while(p != NULL);
        printf("-> End\n");
    }
}
main()
{   NODE   *head;
    int   a[N]= {0, 10, 4, 2, 8, 6 };
    head = creatlist(a);
    printf("\nThe original list:\n");outlist(head);
    fun(head);
    printf("\nThe list after sorting :\n");
    outlist(head);
}
```

三、程序改错

1. 给定程序中函数 fun 的功能是：对 N 名学生的学习成绩，按从高到低的顺序找出前 m(m≤10)名学生来，并将这些学生数据存放在一个动态分配的连续存储区中，此存储区的首地址作为函数值返回。

```
#include < stdio.h>
#include < stdlib.h>
#include < string.h>
#define N 10
typedef struct ss
{ char num[10];
  int s;
} STU;
STU *fun(STU a[], int m)
{   STU b[N], * t;
    int i,j,k;
    /* * * * * * * * * * ERROR * * * * * * * * * * */
    t = malloc(sizeof(STU) * m)
    for(i = 0; i < N; i++) b[i]= a[i];
    for(k = 0; k < m; k++)
      {for(i = j = 0; i < N; i++)
        if(b[i].s > b[j].s) j = i;
        /* * * * * * * * * * * ERROR * * * * * * * * * * */
        t(k)= b(j);
```

```
            b[j].s = 0;
        }
        return t;
}
main()
{   STU a[N]={ {"A01",81},{"A02",89},{"A03",66}, {"A04",87},{"A05",77},
{"A06",90},{"A07",79},{"A08",61},{"A09",80},{"A10",71} };
    STU *pOrder;
    int i, m;
    printf("\nGive the number of the students who have better score: ");
    scanf("%d",&m);
    while(m> 10)
    {   printf("\nGive the number of the students who have better score: ");
        scanf("%d",&m);
    }
    pOrder = fun(a,m);
    printf(" * * * * * THE RESULT * * * * * \n");
    printf(" The top :\n");
    for(i = 0; i < m; i++) printf("%s   %d\n",pOrder[i].num , pOrder[i].s);
    free(pOrder);
}
```

2. 给定函数 fun 的功能是将单向链表结点（不包括头结点）数据域为偶数的值累加起来，并且作为函数值返回。

```
#include <stdio.h>
#include <stdlib.h>
typedef struct aa
{ int data; struct aa *next;}NODE;
int fun(NODE *h)
  { int sum = 0 ;
    NODE *p;
    /* * * * * * * * * * *ERROR * * * * * * * * * * */
    p = h;
    while(p)
    {if(p -> data%2 == 0)   sum += p -> data;
    /* * * * * * * * * * *ERROR * * * * * * * * * * */
      p = h -> next;
    }
    return sum;
}
```

3. 给定程序中的函数 Creatlink 的功能是创建带头结点的单向链表,并为各结点数据域赋
0 到 m - 1 的值。

```
#include <stdio.h>
#include <stdlib.h>
typedef struct aa
{ int data;
  struct aa *next;
} NODE;
NODE *Creatlink(int n, int m)
{   NODE *h = NULL, *p, *s;
    int i;
    /* * * * * * * * * * ERROR * * * * * * * * * * */
    p =(NODE)malloc(sizeof(NODE));
    h = p;
    p -> next = NULL;
    for(i = 1; i <= n; i++)
    {   s =(NODE * )malloc(sizeof(NODE));
        s -> data = rand( )%m; s -> next = p -> next;
        p -> next = s; p = p -> next;
    }
    /* * * * * * * * * * ERROR * * * * * * * * * * */
    return p;
}
outlink(NODE *h)
{ NODE *p;
  /* * * * * * * * * * * ERROR * * * * * * * * * * */
  p = h;
  printf("\n\nTHE LIST :\n\n HEAD ");
  while(p)
  { printf("-> %d ",p -> data);
    /* * * * * * * * * * ERROR * * * * * * * * * * */
    p = p + 1;
  }
  printf("\n");
}
main()
{   NODE *head;
    head = Creatlink(8,22);
    outlink(head);
```

```
    }
```

四、程序设计

1. a 所指的数组中有 N 名学生的数据,请编写函数 STREC fun(STREC *a,char *b),函数返回指定学号的学生数据,指定的学号由 b 指向。若没找到指定学号,则将 a 指向的数组中下标为 0 的元素学号置空串,成绩置−1,并作为函数值返回。
   注意:学生的记录由学号和成绩组成,结构体类型定义如下:

```
typedef struct
{   char num[10];
    int s;
} STREC;
```

2. a 所指的数组中有 N 名学生的数据,请编写函数 void fun(STREC a[]),按分数从高到低排列学生的记录。
   注意:学生的记录由学号和成绩组成,结构体类型定义如下:

```
typedef struct
{   char num[10];
    int s;
} STREC;
```

3. 结构体 struct mpow 两个成员的意义是:a 为幂的底,t 为幂的指数。
   请编写函数 fun,其功能是:计算出 x 所指数组中 n 个幂数之和并返回。
   例如,当结构体数组用如此数据 12,0,9,2,23,1,7,2 初始化时,程序的输出结果应该是: sum = 154.000000。
   注意:请勿改动主函数 main 和其他函数中的任何内容,仅在函数 fun 的花括号中填入所编写的若干语句。

```
#include <stdio.h>
#define N 5
struct mpow
{   double a;
    int t;
};
double fun(struct mpow *x,int n)
{
}
void main()
{   struct mpow x[N]={ 12,0,9,2,23,1,7,2 };
    double sum;
    sum = fun(x,4);
    printf("sum =%lf\n",sum);
}
```

4. N 名学生的成绩已在主函数中放入一个带头节点的链表结构中,h 指向链表的头节点。

请编写函数 double fun(STREC *h),它的功能是:求出平均分,由函数值返回。

例如,若学生的成绩是:85,76,69,85,91,72,64,87;则平均分应当是:78.625。

注意:链表的节点类型定义如下:

```
struct slist
{ double s;
  struct slist *next;
};
typedef struct slist STREC;
```

第十二章 文　　件

一、单项选择

1. 下列关于 C 语言数据文件的叙述中正确的是（　　）

    A. 文件由 ASCII 码字符序列组成，C 语言只能读写文本文件

    B. 文件由二进制数据序列组成，C 语言只能读写二进制文件

    C. 文件由记录序列组成，可按数据的存放形式分为二进制文件和文本文件

    D. 文件由数据流形式组成，可按数据的存放形式分为二进制文件和文本文件

2. C 语言中的文件类型只有（　　）

    A. ASCII 文件和二进制文件两种　　　　B. 二进制文件一种

    C. 文本文件一种　　　　　　　　　　　　D. 索引文件和文本文件两种

3. C 语言中，文件由（　　）

    A. 记录组成　　　　　　　　　　　　　　B. 由字符(字节)序列组成

    C. 由数据块组成　　　　　　　　　　　　D. 由数据行组成

4. 若要打开 A 盘上 user 子目录下名为 abc.txt 的文本文件进行读、写操作，下面符合此要求的函数调用是（　　）

    A. fopen("A:\user\abc.txt","rb");

    B. fopen("A:\user\abc.txt","r");

    C. fopen("A:\\user\\abc.txt","w");

    D. fopen("A:\\user\\abc.txt","r +");

5. 当已存在一个 t.txt 文件时，执行函数 fopen(" t.txt"," r +")的功能是（　　）

    A. 打开 t.txt 文件，清除原有内容

    B. 打开 t.txt 文件，只能写入新的内容

    C. 打开 t.txt 文件，只能读取原有的内容

    D. 打开 t.txt 文件，可以读取和写入新的内容

6. 已知有语句" FILE *fp; int x = 123; fp = fopen("out.dat"," w");"，如果需要将变量 x 的值以文本形式保存到一个磁盘文件 out.dat 中，则以下函数调用形式中，正确的是（　　）

    A. fprintf("%d",x);　　　　　　　　　B. fprintf(fp,"%d",x);

    C. fprintf("%d",x,fp);　　　　　　　　D. fprintf(" out.dat","%d",x);

7. 已知 A 盘根目录下的一个文本数据文件 data.dat 中存储了 100 个 int 型数据，若需要修改该文件中已经存在的若干个数据的值，只能调用一次 fopen 函数，已有声明语句"FILE *fp;"，则 fopen 函数的正确调用形式是（　　）

    A. fp = fopen("a:\\data.dat","r +");

    B. fp = fopen("a:\\data.dat","w +");

    C. fp = fopen("a:\\data.dat","a +");

D. fp = fopen("a:\\data.dat","w");

8. 若要求数据文件 myf.dat 被程序打开后,文件中原有的数据均被删除,程序写入此文件的数据可以在不关闭文件的情况下被再次读出,则调用 fopen 函数时的形式为 "fopen("myf.dat","(　　)");"。

A. w　　　　　　　B. w+　　　　　　　C. a+　　　　　　　D. r

9. 有如下程序

```c
#include <stdio.h>
main()
{   FILE *fp1;
    fp1 = fopen("f1.txt","w");
    fprintf(fp1,"%s","abc");
    fclose(fp1);
}
```

若文本文件 f1.txt 中原有内容为 good,则运行以上程序后文件 f1.txt 中的内容为(　　)

A. abc　　　　　　B. abcd　　　　　　C. goodabc　　　　　D. abcgood

10. 若执行 fopen 函数时发生错误,则函数的返回值是(　　)

A. 地址值　　　　　B. 1　　　　　　　C. EOF　　　　　　D. 0

11. 应用缓冲文件系统对文件进行读写操作,关闭文件的函数名为(　　)

A. fwrite　　　　　B. close()　　　　　C. fread()　　　　　D. fclose()

12. 当顺利执行了文件关闭操作时,fclose 函数的返回值是(　　)

A. TRUE　　　　　B. 1　　　　　　　C. −1　　　　　　　D. 0

13. fgets(str,n,fp) 函数从文件中读入一个字符串,以下正确的叙述是(　　)

A. 字符串读入后不会自动加入'\0'

B. fgets 函数将从文件中最多读入 n 个字符

C. fp 是 file 类型的指针

D. fgets 函数将从文件中最多读入 n − 1 个字符

14. 若调用 fputc 函数输出字符成功,则其返回值是(　　)

A. 1　　　　　　　B. EOF　　　　　　C. 0　　　　　　　D. 输出的字符

15. 已知函数的调用形式"fread(buffer,size,count,fp);",其中 buffer 代表的是(　　)

A. 一个文件指针,指向要读的文件

B. 一个存储区,存放要读的数据项

C. 一个整数,代表要读入的数据项总数

D. 一个指针,指向要读入数据的存放地址

16. 以下叙述中不正确的是(　　)

A. C 语言中,随机读写方式不适用于文本文件

B. C 语言中对二进制文件的访问速度比文本文件快

C. C 语言中,顺序读写方式不适用于二进制文件

D. C语言中的文本文件以 ASCII 码形式存储数据

17. C语言中的文件的存取方式有（　　　）

  A. 只能顺序存取   B. 可以顺序存取,也可随机存取

  C. 只能从文件的开头进行存取 D. 只能随机存取（或直接存取）

18. 以下叙述中正确的是（　　　）

  A. 文件指针是指针类型的变量

  B. 文件指针的值是文件的长度（以字节为单位）

  C. 文件指针的值是文件名字符串存放的首地址

  D. fscanf 函数可以向任意指定文件中写入任意指定字符

19. 以下程序运行后的输出结果是（　　　）

```c
#include < stdio.h>
main()
{   FILE *fp; int i,k = 0,n = 0;
    fp = fopen("d1.dat","w");
    for(i = 1;i < 4;i++) fprintf(fp,"%d",i);
    fclose(fp);
    fp = fopen("d1.dat","r");
    fscanf(fp,"%d%d",&k,&n);   printf("%d%d\n",k,n);
    fclose(fp);
}
```

  A. 1　23   B. 0　0   C. 123　0   D. 1　2

20. 库函数 fgets(p1,10,p2)的功能是（　　　）

  A. 从 p1 指向的文件中读一个字符串,存入 p2 指向的内存

  B. 从 p1 指向的内存中读一个字符串,存入 p2 指向的文件

  C. 从 p2 指向的内存中读一个字符串,存入 p1 指向的文件

  D. 从 p2 指向的文件中读一个字符串,存入 p1 指向的内存

21. fwrite 函数的一般调用形式是（　　　）

  A. fwrite(buffer,count,size,fp);

  B. fwrite(fp,count,size,buffer);

  C. fwrite(buffer,size,count,fp);

  D. fwrite(fp,size,count,buffer);

22. 函数调用语句"fseek(fp,- 20L,2);"的含义是（　　　）

  A. 将文件位置指针移到距离文件头 20 个字节

  B. 将文件位置指针从当前位置向后移动 20 个字节

  C. 将文件位置指针从文件末尾处退后 20 个字节

  D. 将文件位置指针移到离当前位置 20 个字节处

23. 以下程序执行后输出结果是（　　　）

```c
#include < stdio.h>
main()
```

```
{   FILE *fp;   int i,a[4]={1,2,3,4},b;
    fp = fopen("data.dat","wb");
    for(i = 0;i < 4;i++) fwrite(&a[i],sizeof(int),1,fp);
    fclose(fp);
    fp = fopen("data.dat","rb");
    fseek(fp,- 2L *sizeof(int),SEEK_END);
    fread(&b,sizeof(int),1,fp);
    fclose(fp);
}
```

 A. 3   B. 4   C. 1   D. 2

24. 有下列程序

```
#include < stdio.h>
#include < string.h>
main( )
{       FILE   *fp;
        char a[50]="the Spring Festival";
        int k;
        k = strlen(a);
        fp = fopen("ff.dat","wb +");
        fwrite(a,sizeof(char),k,fp);
        fseek(fp,sizeof(char) * 4,SEEK_SET);
        fread(a,sizeof(char),4,fp);
        fclose(fp);
        puts(a);
}
```

执行后的输出结果是(　　　)

 A. the Spring Festival   B. SpriSpring Festival
 C. thethering FestSpri   D. ivalSpring Festival

25. 以下不能将文件指针移到文件开头的函数是(　　　)

 A. rewind(fp);
 B. fseek(fp,0,SEEK_SET);
 C. fseek(fp,-(long)ftell(fp),SEEK_CUR);
 D. fseek(fp,0,SEEK_END);

26. 若 fp 为文件指针,且文件已经正确打开,以下语句的输出结果为(　　　)

```
fseek(fp,0,SEEK_END);
n = ftell(fp);
printf("n =%d\n",n);
```

 A. fp 所指文件的长度,以字节为单位
 B. fp 所指文件的当前位置,以比特为单位

C. fp 所指文件的长度,以比特为单位

D. fp 所指文件的绝对位置,以字节为单位

27. 函数 ftell(fp) 的作用是(　　)

A. 初始化流式文件的位置指针　　　　B. 得到流式文件中的当前位置

C. 移到流式文件的位置指针　　　　　D. 以上答案均正确

28. 若 fp 已正确定义并指向某个文件,当未遇到该文件结束标志时函数 feof(fp) 的值为(　　)

A. 一个非 0 值　　　B. -1　　　　　　C. 1　　　　　　D. 0

二、程序填空

1.
```c
#include <stdio.h>
#include <stdlib.h>
void main()
{   /* * * * * * * * * * *FILL* * * * * * * * * * */
    _____ *fp; /* 定义一个文件指针 fp */
    /* * * * * * * * * * *FILL* * * * * * * * * * */
    _____filename[10];
    printf("Please input the name of file: ");
    scanf("%s", filename);   /* 输入字符串并赋给变量 filename */
    /* 以读的使用方式打开文件 filename */
    /* * * * * * * * * * *FILL* * * * * * * * * * */
    if((fp = fopen(filename, "_____")) == NULL)
    {
        printf("Cannot open the file.\n");
        exit(0);  /* 正常跳出程序 */
    }
    /* * * * * * * * * * *FILL* * * * * * * * * * */
    _____         /* 关闭文件 */
}
```

2. 从键盘上输入一个字符串,将该字符串升序排列后输出到文件 test.txt 中,然后从该文件读出字符串并显示出来。
```c
#include <stdio.h>
#include <string.h>
#include <stdlib.h>
main()
{   FILE   *fp;
    char t,str[100],str1[100];    int n,i,j;
    if((fp = fopen("test.txt","w"))==NULL)
    {  printf("can't open this file.\n");  exit(0);  }
```

```
printf("input a string:\n"); gets(str);
/* * * * * * * * * * FILL * * * * * * * * * * */
_____
/* * * * * * * * * * FILL * * * * * * * * * * */
for(i = 0; _____ ; i++)
 for(j = 0; j < n - i - 1; j++)
  /* * * * * * * * * * FILL * * * * * * * * * * */
  if(_____ )
  {   t = str[j];      str[j] = str[j + 1];     str[j + 1] = t;      }
/* * * * * * * * * * FILL * * * * * * * * * * */
_____
fclose(fp);
fp = fopen("test.txt","r");
fgets(str1,100,fp);
printf("%s\n",str1);
fclose(fp);
}
```

3. 调用函数 fun 将指定源文件中的内容复制到指定的目标文件中,复制成功时函数返回值是 1,失败时返回值为 0。在复制的过程中,把复制的内容输出到终端屏幕。主函数中源文件名放在变量 sfname 中,目标文件名放在变量 tfname 中。

```
#include    < stdio.h >
#include    < stdlib.h >
int fun(char  *source, char  * target)
{ FILE   *fs,*ft;      char   ch;
 /* * * * * * * * * * FILL * * * * * * * * * * */
  if((fs = fopen(source,_____ ))== NULL)  return 0;
  if((ft = fopen(target, "w"))== NULL)return 0;
  printf("\nThe data in file :\n");
  ch = fgetc(fs);
 /* * * * * * * * * * FILL * * * * * * * * * * */
  while(! feof(_____ ))
  {  putchar( ch );
    /* * * * * * * * * * FILL * * * * * * * * * * */
    fputc(ch,_____ );
    ch = fgetc(fs);
  }
  fclose(fs);  fclose(ft);
  printf("\n\n");
  return  1;
```

```
    }
main()
{   char   sfname[20] ="myfile1",tfname[20]="myfile2";
    FILE   * myf;        int  i;        char  c;
    myf = fopen(sfname,"w");
    printf("\nThe original data :\n");
    for(i =1; i < 30; i++)
    { c ='A'+ rand()%25;fprintf(myf,"%c",c); printf("%c",c); }
    fclose(myf);printf("\n\n");
    if (fun(sfname, tfname))  printf("Succeed !");
    else  printf(" Fail !");
}
```

第三部分

实 验 指 导

实验 1 初级程序设计

实验目的

(1) 熟悉 Visual C++集成环境,掌握源程序的建立、编辑、编译、保存及运行的基本方法,并能进行简单程序调试。

(2) 掌握 C 语言中各种运算符的使用。

(3) 掌握 C 语言中各种数据类型的区别与应用。

(4) 掌握 C 语言中变量的定义、赋值和使用,表达式语句、输入/输出语句的使用。

(5) 掌握 C 语言中输入/输出函数的使用。

(6) 掌握 C 语言中控制语句的使用,含 if – else、switch、for、while、do – while 语句。

实验 1–1 数据类型/输入输出(2 学时)

一、教师演示讲解 Visual C++环境的使用

重点讲解 C 语言程序的上机步骤,包括源程序的建立、编辑、编译、运行、保存等操作。

二、程序填空题

1. 输入 2 个整数 a 和 b,交换其值,然后输出 a 和 b 的值。

```c
#include < stdio.h>
int main(void)
{   int a, b, temp;
    scanf("%d%d", &a, &b);
    _____ ;
    a = b;
    _____ ;
    printf("%d %d\n", a, b);
    return 0;
}
```

2. 执行以下程序段,输入 12 – 78.5,输出 78.5 – 12。

```c
int n;
double x;
_____ ;
printf("%.1f -%d\n", x, n);
```

3. 写出满足下列条件的 C 表达式。

  ① ch 是空格或者回车。_____；

  ② number 是偶数。_____；

  ③ year 是闰年，即 year 能被 4 整除但不能被 100 整除，或 year 能被 400 整除。

  _____；

4. 写出满足下列条件的 C 表达式。

  ① ch 是大写英文字母。_____；

  ② ch 不是小写英文字母。_____；

  ③ ch 是数字字符。_____；

  ④ ch 是英文字母。_____；

5. 要求填入一个表达式，可将输入的数字字符转换成对应的数字输出。

```
#include <stdio.h>
int main()
{   char ch;   int value;
    scanf("%c",&ch);
    _____  ;
    printf("%d",value);
    return 0;
}
```

6. 已知一元二次方程 $ax^2 + bx + c = 0$ 的系数 a,b,c 的值，设 $b^2 - 4ac \geq 0$ 且 a≠0，编写程序利用求根公式求该方程的两个根（结果保留 2 位小数）。

输入样例:2 6 3

输出样例:- 0.63 - 2.37

```
#include <stdio.h>
#include <math.h>
int main()
{ double a,b,c,p,q,x1,x2;
    scanf("  _____  ",&a,&b,&c);
    p =- b/  _____ ;   //求根公式的前半部分
    q = _____ /(2*a);  //求根公式的后半部分
    x1 = p + q;
    x2 = _____  ;
    printf("  _____  \n",x1,x2);//两个根之间用一个空格分隔
    return 0;
}
```

三、编程题

1. 提交 main 函数，实现：读入存款金额 money、存期 year 和年利率 rate，根据下列公式计算到期时的利息 interest：interest = money×(1 + rate)^{year} - money，并保留 2 位小数。

2. 提交 main 函数，实现输入一个三位数 x，输出它的百位数 a、十位数 b 和个位数 c。

实验 1 – 2　选择结构（2 学时）

一、程序填空题

1. 下列程序用于判断 a、b、c 能否构成三角形，若能，输出 YES，否则输出 NO。
当给 a、b、c 输入三角形三条边长时，确定 a、b、c 能构成三角形的条件是需同时满足三
个条件：a + b> c, a + c> b，b + c> a。请填空。

```
#include <stdio.h>
int main(void)
{  float a, b, c;
   scanf("%f%f%f", &a, &b, &c);
   if (_____  )  printf(" YES\n");/*a、b、c 能构成三角形 */
   else  printf(" No\n");/*a、b、c 不能构成三角形 */
   return 0;
}
```

2. 以下程序是计算分段函数 $y = \begin{cases} 2\sqrt{x} & 0 \leqslant x \leqslant 1 \\ x+1 & x > 1 \end{cases}$ 值的程序，请填写程序中缺失的部分。

```
#include <stdio.h>
int main()
{
    double x,y;
    scanf("%lf",&x);
    if (_____  )
    {   if(_____  ) y = 2 * _____  ;
        else y = _____  ;
        printf("%lf\n",_____  );     }
    else printf(" No Solution.\n");
    return 0;
}
```

3. 写出与以下 switch 语句等价的 if – else 语句。

```
switch (ch)
{   case '-':  minuS ++; break;
    case '0': case '1': case '2': case '3': case '4':
    case '5': case '6': case '7': case '8': case '9':  digit ++;break;
    default: other ++; break;
}
```
等价的 if 语句：

```
    if_____ {    minuS ++;    }
    _____ {    digit ++;    }
    _____ {    other ++;    }
```

4. 在玩牌程序中,每一组牌用数字 1—13 代表。输入数字,显示相应的牌。其中 2—10 直接显示数字,而数字 1、11、12、13 则分别用 Ace、Jack、Queen、King 来表示。

```
#include < stdio.h>
int main()
{   int n;
    scanf("%d", &n);
    if(n >= 1 && n <= 13){
        switch ( _____        )
        {   case 1: _____
            case 11: printf("Jack\n"); break;
            case 12: printf("Queen\n"); break;
            case 13: printf("King\n"); break;
            default: _____    }    }
    else{ printf("Error\n"); }
    return 0;
}
```

二、编程题

1. 某商场推出打折促销活动:若顾客购物额不满 100 元则不优惠;达到或超过 100 元则九五折优惠;达到或超过 200 元则九折优惠;达到或超过 500 元则八五折优惠;达到或超过 1000 元则八折优惠。请编写程序,根据购物金额计算优惠后实付金额。

2. 编写程序,判断一个给定的三位数是否为水仙花数。
   三位水仙花数,即其个位、十位、百位数字的立方和等于该数本身。

3. 已知实数 x 和 y 的函数关系如下,编程实现,输入 x 的值,计算并输出 y 的值(输出结果保留小数点后 2 位)。

$$y = \begin{cases} x + 5 & (x < 5) \\ x^2 + 0.3x & (5 \leqslant x < 10) \\ 5x - 10 & (x \geqslant 10) \end{cases}$$

4. 用 switch 语句编程,根据输入的百分制成绩 score(整数),转换成相应的五分制成绩 grade 后输出。
   当 90≤score≤100 时,grade = A;当 80≤score<90 时,grade = B;当 70≤score<80 时,grade = C;当 60≤score<70 时,grade = D;当 0≤score<60 时,grade = E。
   如果输入成绩 score<0 或 score>100,则输出"Input error !"。

实验 1-3 循环结构（2 学时）

一、程序填空题

1. 计算并输出一个非零整数序列（序列非空）中偶数的平均值。所有输入数据用空格隔开，用 0 结束输入。输出数据保留 2 位小数。

```
#include < stdio.h >
int main()
{
    int number,sum,n; double average;
    n = 0;
    sum = 0;
    scanf("%d",&number);
    while(_____    )
      {      if(number%2 == 0)
        {   sum += number;      n ++;        }
          _____ ;
      }
      _____  ;
      printf("% .2lf\n",average);
      return 0;
}
```

2. 编程求 100 以内能被 7 整除的所有整数，请填空完成相应功能。

```
#include < stdio.h >
int main()
{   int n;
    for(n = 7; _____ ; n++)
    {   if(_____) continue;
        printf("%d\n", n);
    }
    return 0;
}
```

3. 从键盘输入两个正整数存储到变量 m 和 n 中,用辗转相除法求其最大公约数并输出。

```
#include < stdio.h >
int main(void)
{   int m,n,r;
    scanf(_____);    //输入数据存储到变量 m 和 n 中
    do{ r =_____ ;
```

```
        m = n;
        _____;
    }while(_____);
    printf(_____);   //输出最大公约数
    return 0;
}
```

4. 输入一个正整数 n(1≤n≤9)，打印一个高度为 n 的、由"＊"组成的等腰三角形图案。当 n = 3 时，输出如下等腰三角形图案：

```
＊ ＊ ＊ ＊ ＊
  ＊ ＊ ＊
    ＊
```

```
int i, j, n;
scanf("%d", &n);
for (i = n; i > 0; i --)
{ for _____{  printf (" ");     }
  for _____{  printf ("＊");     }
    _____
}
```

二、编程题

1. 编写程序，计算序列 2/1 + 3/2 + 5/3 + 8/5 +... 的前 N 项之和。注意该序列从第 2 项起，每一项的分子是前一项分子与分母的和，分母是前一项的分子。

2. 编写程序，判断一个给定的整数是否为素数。素数就是只能被 1 和自身整除的正整数，1 不是素数，2 是素数。

3. 从键盘上输入一个正整数，逆序输出该数的各位数字。例如：输入 123，输出 321。

4. 自然常数 e 可以用级数 $1 + 1/1! + 1/2! + \cdots + 1/n! + \cdots$ 来近似计算。本题要求对给定的非负整数 n，求该级数的前 n + 1 项和。

5. 输出 100 到 1000 之间的各位数字之和能被 15 整除的所有数，输出时每 5 个一行，每个数输出占 4 列列宽。

6. 一个数恰好出现在它的平方数的右端，这个数就称为同构数。找出 1～1000 之间的全部同构数。

实验 2 中级程序设计

实验目的

(1) 掌握函数的定义、调用及返回、声明的应用。

(2) 熟练掌握一维数组的定义、初始化及使用。

(3) 掌握二维数组的定义、初始化及应用。

(4) 熟练掌握向函数传递一维数组的方法和应用。

(5) 掌握向函数传递一维数组的方法和应用。

实验 2-1 函数 (2 学时)

一、程序填空题

1. 编写一个函数 fan(int m)，计算参数 m 的各位数字之和。然后写出包括输入、输出和调用函数 fan 的主函数，请填空完成相应功能。

```
#include < stdio.h >
int  fan(_____)
{ int i,s = 0;
  do   //计算参数 m 的各位数字之和
  {   s = s+ _____ ;
    m = m/10;
  }while(_____);
  return _____ ;    //返回结果
}
int main(void)
{   int n,jg;
    scanf("%d",&n);    //输入一个整数
    jg = _____ ;    //调用函数计算 n 的各位数字之和
    printf("%d\n",jg);
    return 0;
}
```

2. 输出 150 到 200 之间有且仅有一位数字为 9 的所有整数。
   要求定义和调用函数 is(n, digit)判断正整数 n 是否有且仅有一位数字为 digit,若满足条件则返回 1,否则返回 0。
   运行示例：159 169 179 189 190 191 192 193 194 195 196 197 198

```
#include < stdio.h >
```

```
int main(void)
{   int i;
    int is(int n,int digit);
    for(i = 150; i <= 200; i++)
        if(   is(i,9)  )  printf("%d", i);
    printf("\n");
    return 0;
}
int is(int n,int digit)
{   int number,count = 0;
    do{ number = n % 10;
        if(_____  )    count++;
        _____
    }while(n != 0);
    if(count == 1)_____
    else   return 0;
}
```

3. 输出 1 到 100 之间的所有完数。要求定义和调用函数 is(n)判断 n 是否为完数,若 n 为完数则返回 1,否则返回 0。

完数就是因子和与它本身相等的数,6 是完数(6 = 1 + 2 + 3),1 不是完数。

```
#include < stdio.h>
int is(int n);
int main(void)
{   int i;
    for (i = 1; i <= 100; i++)
        if ( _____ )  printf("%d", i);
    return 0;
}
int is (int n)
{   int i, sum;
    sum = 0;
    for (i = 1; i <= n/2; i++)
        if (_____)  sum = sum + i;
    if (_____  )  return 1;
    else   return 0;
}
```

二、编程题

1. 实现函数 int sum(int m, int n)计算 m～n(m＜n)之间(包含 m 和 n)所有整数的和。

2. 定义函数 int reverse(int number) 实现求整数的逆序数。

3. 定义函数 int gcd(int x，int y) 实现计算两个数的最大公约数。

4. 实现函数 int MonthDays(int year，int month)，计算给定的年份和月份的天数。其中1、3、5、7、8、10、12 月有 31 天，4、6、9、11 月有 30 天，2 月平年有 28 天，闰年有 29 天。判断闰年的条件是：能被 4 整除但不能被 100 整除，或者能被 400 整除。

5. 函数 int fun(int m)的功能是：找出大于 m 的最小素数，并将其作为函数值返回。

实验 2-2　一维数组（2 学时）

一、程序填空题

1. 计算斐波那契数列的前 n 个数（1≤n≤20），即 1，1，2，3，5，…,55，并按每行打印 5 个数的格式输出，如果最后一行的输出少于 5 个数，也需要换行。

```c
#include < stdio.h>
#define MAXN 20
int main(void)
{   int i,n,fib[MAXN]={1,1};
    scanf("%d",&n);
    if(n>= 1 && n <= 20)
    {    for(i = 2;i < n;i++)_____  ;
         for(_____ ;i < n;i++) //输出数列元素值
         {   printf("%5d",fib[i]);
             if((i + 1)%5 == 0) _____
         }
         if(n%5 != 0)  printf("\n");
    }
    else  printf("Invalid Value\n");
    return 0;
}
```

2. 有 15 个已经排好序的数存放在一个数组中，输入一个数，要求用折半查找法找出该数是数组中第几个元素的值。如果该数不在数组中，则输出无此数。变量说明：top,bott 为查找区间两端点的下标；loca 为查找成功与否的开关变量。

```c
#include < stdio.h>
int main(void)
{   int N, number, top, bott, min, loca;
    int a[15] = { - 3, - 1, 0, 1, 2, 4, 6, 7, 8, 9, 12, 19, 21, 23, 50};
    N = 15;
    scanf("%d", &number);
    loca = 0; top = 0; bott = N - 1;
    if ((number < a[0]) || (number > a[N - 1]))  loca = - 1;
    while ((loca == 0) && (top <= bott)) {
        min = _____ ;
        if (number == a[min]) {
            loca = min;
            printf("The serial number is %d\n", loca + 1);
```

```
        break;
      } else if (number < a[min])bott = min - 1;
      else _____ ;
    }
    if (_____) printf("%d isn't in table\n", number);
    return 0;
  }
```

3. 选择法排序:本题要求将给定的 n 个整数从小到大排序后输出。输出时相邻数字中间用一个空格分开。

```
#include < stdio.h >
#define MAXN 10
int main()
{   int i, index, k, n, temp, a[MAXN];
    scanf("%d", &n);
    for(i = 0; i < n; i++)  scanf("%d", &a[i]);
    for(k = 0; k < n - 1; k++){
        index = _____ ;
        for_____
          if (_____)  index = i;

        _____
    }
    for(i = 0; i < n; i++)
        if_____          printf("%d", a[i]);
        else  printf(" %d", a[i]);
    printf("\n");
    return 0;
}
```

4. 冒泡法排序:本题要求将给定的 n 个整数从小到大排序后输出。输出时相邻数字中间用一个空格分开。

```
#include < stdio.h >
#define MAXN 10
int main()
{     int i, index, j, n, temp, a[MAXN];
      scanf("%d", &n);
      for(i = 0; i < n; i++) scanf("%d", &a[i]);
      for( i = 1; i < n; i++ ){
          for_____
          { if _____
              { _____          }
```

```c
            }
        }
    for(i = 0; i < n; i++) {
        if _____printf("%d", a[i]);
        else{_____    }
    }
    printf("\n");
    return 0;
}
```

二、编程题

1. 定义函数 double ave(double a[],int n),求 a 数组中 n 个数的平均值。在 main 函数中输入 10 个数,调用 ave 函数得到它们的平均值,并输出结果。

2. 定义函数 int station(int s[],int n),计算并返回数组中最大值出现的位置(如果最大值出现多次,求出第一次出现的位置即可)。注意:位置(非下标)从 1 开始。

3. 定义函数 int search(int list[], int n, int x)实现在数组中查找指定元素。
   其中 list[]是用户传入的数组;n(≥0)是 list[]中元素的个数;x 是待查找的元素。如果找到则函数 search 返回相应元素的最小下标(下标从 0 开始),否则返回 -1。

4. 定义函数 void reverse (int m[ ], int n),将一个整数长度为 n 的数组逆序。
   如数组是 int x[5]=[2,6,0,1,8],则逆序成为[8,1,0,6,2]。

5. 编写一个函数 void sort(int a[],int n)实现长度为 n 的一维数组的元素从小到大排列。

6. 定义函数 int fun(int lim,int aa[MAX])求小于等于 lim 的所有素数存放在 aa 数组中,函数返回存入数组中的元素个数。

实验2-3 二维数组(2学时)

一、程序填空题

1. 求一个给定的 m×n 矩阵各列元素之和。

```c
#include <stdio.h>
#define MAXM 6
#define MAXN 6
int main()
{   int i, j, m, n, sum;
    int a [MAXM] [MAXN];
    scanf("%d %d", &m, &n);
    for (i = 0; i < m; i++)
        for (j = 0; j < n; j++)   scanf("%d", &a[i][j]);
    for _____
    {   _____
        for _____      sum += a[i][j];
        printf("%d\n", sum);}
    return 0;
}
```

2. 输入一个3行3列的二维数组,输出二维数组中行列号之和为3的数组元素以及它们的平均值。

```c
#include <stdio.h>
int main(void)
{ int a[3][3],i,j,k,sum = 0,count = 0;
  for(i = 0; i < 3;i++)
    for(j = 0; j < 3 ;j++)   _____;
  for(i = 0; i < 3;i++)
    for(j = 0;j < 3;j++)
    { k = i + j;
      if(_____)
      {    printf("%d\n",a[i][j]);
           _____; }
    }
  printf("average =%.21f\n",_____);
  return 0;
}
```

3. 请补全代码,输入如下图所示的杨辉三角形前 n 行,n 由用户从键盘输入(n <= 20)。

```
1
1 1
1 2 1
1 3 3 1
1 4 6 4 1
1 5 10 10 5 1
1 6 15 20 15 6 1
#include < stdio.h>
#define N 20
void CalculateYH(int a[][N],int n);
void PrintYH(int a[][N],int n);
int main()
{   int a[N][N]={0},n;
    scanf("%d",&n);
    CalculateYH(a,n);
    PrintYH(a,n);
    return 0;
}
//计算杨辉三角形前 n 行元素的值
void CalculateYH(int a[][N],int n)
{   int i,j;
    for(i = 0;i < n;i++)         _____ = 1;
    for(i = 2;i < n;i++)
        for(j = 1;j <= i - 1;j++) a[i][j]=_____;
}
//输出杨辉三角形前 n 行元素的值
void PrintYH(int a[][N],int n)
{   int i,j;
    for(i = 0;i < n;i++)
    {   for(j = 0;_____;j++)   printf("%4d",a[i][j]);
        printf("\n"); }
}
```

4. 本题目要求将 3 行 3 列方阵进行转置。

```
#include < stdio.h>
void convert(int a[][3],int n)
{   int i,j,x;
    for(i = 0;i < n;i++)
        for(j = 0;j <_____;j++)
        {   x = a[i][j];
```

```
                        _____;
                        _____;}
}
int main()
{   int a[3][3]={{1,2,3},{4,5,6},{7,8,9}},i,j;
    convert( _____ );
    for(i = 0;i < 3;i++)
    {   for(j = 0;j < 3;j++)  printf("%d",a[i][j]);
        printf("\n");}
    return 0;
}
```

二、编程题

1. 定义函数 int fun(int array[N][M]) 求出 N×M 整型数组的最大元素及其所在的行坐标及列坐标(如果最大元素不唯一,选择位置在最前面的一个)。

　　注意:函数只需靠 return 返回最大元素的值,行、列坐标通过全局变量传递。

2. 请编一个函数 void fun(int tt[M][N],int pp[N]),tt 指向一个 M 行 N 列的二维数组,求出二维数组每列中最大元素,并依次放入 pp 所指一维数组中。二维数组中的数已在主函数中赋予。

3. 定义函数 int fun(int a[M][M])求 5 行 5 列矩阵的主、副对角线上元素之和。

　　注意:两条对角线相交的元素只加一次。

4. 定义函数 double avg(int a[][N]),函数值返回二维数组周边元素的平均值。

5. 定义函数 int fun(int a[3][3]),求二维数组右上三角(包括主对角线)元素之和。

实验 3　高级程序设计

实验目的

（1）理解 C 语言中指针的本质，区分指针与指针变量，掌握有关指针的应用。

（2）熟练掌握字符串常量和字符串的存储及字符串处理函数的使用。

（3）掌握字符指针的定义、使用等。

（4）掌握向函数传递字符串的方法。

实验 3－1　指针（4 学时）

一、程序填空题

1. 输入 2 个整数 a 和 b，交换它们的值。

```
#include < stdio.h>
void swap ( int *pa, int *pb );
int main( )
{   int a, b;
    scanf ( "%d%d", &a, &b);
    swap (_____ );
    printf("%d %d\n", a, b);
}
void swap ( int *pa, int *pb )
{   _____; /* 定义整型变量 temp */
    _____ ;
}
```

2. 用指针变量输入、输出数组 arrA 的元素值。

```
#include < stdio.h>
int main(void)
{    int *ptr, arrA[5];
     for ( ptr = arrA; ptr < arrA + 5; ptr++)//读入数组元素
         _____
         _____;
     for( ; ptr < arrA + 5; ptr++)//输出数组元素
             printf("%d ", *ptr);
     printf("\n");
     return 0;
```

```
}
```

3. 编写一个函数,用指针将数组中的元素逆序存放。

```c
#include < stdio.h>
void Rev(int *x, int n);
int main()
{   int i,a[10]={3,7,9,11,0,6,7,5,4,2};
    int *p;
    _____   //调用逆序函数
    printf(" The array has been reverted:\n");
    for(_____ p++)
      printf("%d,", _____ );
    return 0;
}
void Rev(int *x, int n)
{   int t, *p, *i, *j,m =(n - 1)/2;
    i = x;  j = x + n - 1;  p = x + m;
    for( ; i <= p ; i++,j --)

    _____

}
```

4. 输入 10 个整数,按升序排序后输出。

```c
#include < stdio.h>
void Swap(int *x, int *y);
void Input(int *array, int size);
void Output(const int *array, int size);
void Sort(int *array, int size);
int main()
{   int a[10];
    Input(a, 10);
    _____  ;
    Output(a, 10);
    return 0;
}
void Swap(int *x, int *y)
{   int t = *x;
    _____  ;
    *y = t;
}
void Input(int *array, int size)
{   int k;
```

```
        for (k = 0; k < size; ++ k)
            scanf("%d", _____ );
    }
    void Output(int *array, int size)
    {   int k;
        for (k = 0; k < size; ++ k)
            printf("%d\n", _____);
    }
    void Sort(int *array, int size)
    {   int i, j;
        for (i = size - 1; i > 0; -- i)
            for (j = 0; j < i; ++ j)
                if (array[j] > array[j + 1])
                    _____ ;
    }
```

5. 函数 insert()的功能是在一维数组 a 中将 x 插入到下标为 i(i>=0)的元素前,如果 i>=元素
   个数,则 x 插入到末尾。元素个数存放在指针 n 指向的变量中,插入后元素个数加 1。

```
    #include < stdio.h>
    void insert(int a[ ], int *n, int x, int i)
    {   int j;
        if (_____){
            for (j = *n - 1; _____; j --)
                _____ = a[j];}
        else  i = *n;
        a[i]= _____ ;
        ( *n)++;
    }
    int main()
    {   int a[100], x, i, n;
        scanf("%d", &n);
        for(i = 0; i < n; i++)  scanf("%d", &a[i]);
        scanf("%d%d", &x, &i);
        insert(a, &n, x, i);
        for(i = 0; i < n; i++)    printf("%d ", a[i]);
        printf("\n");
        return 0;
    }
```

6. 求数组各行的和。

```
    #include "stdio.h"
```

```
void fun(_____ );  //形参采用带 * 的指针变量定义形式
int main()
{ int a[3][3],i,j,b[3];
    for(i = 0;i < 3;i++)
          for(j = 0;j < 3;j++)    scanf("%d",&a[i][j]);
    fun(a,b);
    for(i = 0;i < 3;i++)
    {   for(j = 0;j < 3;j++)    printf("%4d",a[i][j]);
        printf("%4d\n",b[i]);}
     return 0;
}
void fun(_____ )
{   int tmp = 0,i,j;
    for(i = 0;i < 3;i++)
    {   _____ ;
        for(j = 0;j < 3;j++)
          tmp = tmp + * _____ ;
          * _____ = tmp;}
}
```

二、编程题

1. 定义函数 void splitfloat(float x，int *intpart，float *fracpart)实现拆分实数的整数与小数部分。其中 x 是被拆分的实数(0≤x < 10000)，*intpart 和 *fracpart 分别是将实数 x 拆分出来的整数部分与小数部分。
   输入样例：2.718
   输出样例：The integer part is 2
   The fractional part is 0.718

2. 实现函数 void findmax(int *px，int *py，int *pmax)，找出两个数中的最大值。其中 px 和 py 是主函数传入的两个整数的指针。函数 findmax 应找出两个指针所指向的整数中的最大值，存放在 pmax 指向的位置。

3. 编写函数 float fun(int a[]，int n，int * max，int * min)，求一组数中的最大值、最小值和平均值。其中 a、n、max 和 min 都是主函数传入的参数。函数求 a 数组中 n 个元素的最大值、最小值和平均值。最大值和最小值分别用 max 和 min 带回，函数返回平均值 。

4. 实现函数 int sumOfMatrix(int (*p)[3]，int n)，统计二维数组的元素之和。其中 p 和 n 都是用户主函数传入的参数。p 为行指针，指向二维数组的第 0 行，n 为二维数组的行数。函数须返回二维数组所有元素之和。

5. 给定一个 n×n 的方阵(1≤n≤10)，编写函数 int sumMatrix(int (*a)[N]，int n)计算该方阵主对角线和副对角线以外所有元素之和。其中指针 a 指向了一个 10×10 的方阵，n 为 a 指向的矩阵的阶数。

实验 3-2　字符串 (4 学时)

一、程序填空题

1. 以下程序段的功能是：将字符串 str1 的内容复制到字符串 str2。

```
int i;   char str1[81], str2[81];
i = 0;
while _____
{   _____
    i++;
}
```

_____

2. 以下程序段的功能是：在主函数中输入两个字符串，调用函数 myscat 完成两个字符串的连接，最后输出连接后的字符串。

```
#include < stdio.h>
#include < string.h>
void myscat(char str1[], char str2[]);
#define N 80
int main()
{ char   s[N], t[N];
  gets(s); gets(t);
  _____ ;   //调用函数
  puts(s);
  return 0;
}
void myscat(char str1[], char str2[])
{ int i = 0, j;
  while (str1[i] !='\0')      _____ ;
  for(j = 0;_____ ;i++)   _____;
  str1[i] ='\0';
}
```

3. 本题目要求写一个函数 mystrcmp 实现字符串比较，相等输出 0,不等输出其差值,在主函数输出比较结果。

```
#include < stdio.h>
#define N 20
int mystrcmp(char *s1,char *s2);
int main()
{   char str1[N],str2[N];
```

```
        gets(str1); gets(str2);
        printf(" compare result = %d\n",_____);
        return 0;
    }
    int mystrcmp(char *s1,char *s2)
    {   while( *s1!='\0'&& *s2 !='\0')
            if _____ {   s1++;    s2++;    }
            else _____
        while( *s1!='\0') return *s1;
        while( *s2!='\0') return -*s2;
        return 0;
    }
```

4. 编写一个函数 hw 实现判断一个字符串是否是回文,若是则返回 1,否则返回 0。

```
    #define N 100
    #include < stdio.h>
    #include < string.h>
    _____ hw(char s[])
    {   int i,j;
        for(i = 0,_____ ; i < j; i++,j --)
            if(_____ )   return 0;
        return 1;
    }
    int main(void)
    { char s[N];
        _____ ;   //输入一个字符串
        if(_____ )   //调用函数
            printf(" Yes !\n");
        else   printf(" No !\n");
        return 0;
    }
```

5. 统计字符串中 0 - 9 的出现次数。

```
    #include < stdio.h>
    #include < string.h>
    int main()
    { char s[80];   int count[10],i;
        scanf("%s", s);
        for(i = 0; i <_____; i++)
            if(s[i]>='0'&&s[i]<='9') _____;
        for(i = 0;i < 10;i++) printf("%d",count[i]);
```

```
        return  0;
    }
```

6. 输入一个字符串,统计其中最长的单词并输出。

输入样例 This is a C Program

输出样例 Program

```
#include <stdio.h>
int findLongest( char str[] );
int main()
{   char sArr[100] = { 0 };
    int loc, i;
    gets(sArr);
    loc = _____  ;
    for (i = loc; sArr[i] !=' '&& sArr[i] !='\0'; i++)  putchar(sArr[i]);
    return 0;
}

int findLongest( char str[] )
{   int i = 0, Loc = 0, len = 0, lLoc = 0;
    while (str[i] !='\0')
    {   while (str[i] ==' ')    i++;
        lLoc = i;
        while (str[i] !=' '&& str[i] !='\0')
            _____ ;
        if (i - lLoc > len)
        {   _____  ;
            Loc = lLoc;
        }
    }
    _____ ;
}
```

7. 在主函数中输入一个字符串和一个字符,调用 match 函数,如果该字符在字符串中,就从该字符首次出现的位置开始输出字符串中的字符。如果未找到,输出"Not Found"。

```
_____  / * 字符定位函数定义:match 函数 * /
{   while (_____  )
        if ( *s == ch) _____  ;
        else s ++;
    return _____  ;
}
int main(void )
{   char ch, str[80], *p = NULL;
```

```
    scanf("%s", str);    getchar();
    while((ch = getchar())!='\n')
        if((p = match(str, ch)) != NULL)    printf("%s\n", p);
        else    printf(" Not Found\n");
    return 0;
}
```

二、编程题

1. 实现函数 void StringCount(char s[]),统计并输出给定字符串中英文字母、空格或回车、数字字符和其他字符的个数。函数 StringCount 须在一行内按照"letter = 英文字母个数, blank = 空格或回车个数, digit = 数字字符个数, other = 其他字符个数"的格式输出。

2. 实现函数 void delchar(char *str, char c),删除字符串中的指定字符。其中 char *str 是传入的字符串,c 是待删除的字符。

3. 编写函数 void Shift(char s[]),将输入字符串的前 3 个字符移到最后。其中 char s[] 是传入的字符串,题目保证其长度不小于 3;函数 Shift 须将按照要求变换后的字符串仍然存在 s[] 里。

   输入样例:abcdef

   输出样例:defabc

4. 编写函数 long fun (char *p),将一个数字字符串转换为一个整数(不得调用 C 语言提供的将字符串转换为整数的函数)。例如,若输入字符串"- 1234",则函数把它转换为整数值 - 1234。

5. 编写函数 char * StrTrim(char *str),将字符串 str 开始和结尾的一连串空白字符全部删去(中间的空白字符不删除)。

   提示:空白字符包括空格(SP)、水平制表(HT)、垂直制表(VT)、回车(CR)、换行(LF)、换页(FF)等。可利用 isspace 函数来判断空白字符。若 x 为空白字符,则 isspace(x) 函数值为 1(真),否则为 0(假)。要使用 isspace 函数,需要加头文件 ctype.h。

6. 定义函数 void fun(char str[]),删除字符串中重复的字符,使每个字符只出现一次,其中 str 是要处理的字符串,长度不超过 20。

实验 4　构造类型程序设计

实验目的

(1) 熟悉结构体和共同体的概念。

(2) 熟悉并掌握结构体变量、数组和共同体变量的定义、赋值与使用。

(3) 掌握结构体指针的定义与引用。

(4) 掌握链表的概念,初步学会对链表进行操作。

(5) 熟悉文件打开、关闭、写入、读出的方法;学会使用文件操作函数。

实验 4　构造类型程序设计(4 学时)

一、程序填空题

1. 输入 5 个学生的信息,包括学号(num),姓名(name),三门课成绩(score),要求输出每个学生的所有信息(学号、姓名、三门课程成绩、三门课平均成绩)、3 门课的总平均成绩,以及总分最高的学生的所有信息。

```
#include <stdio.h>
#define N 5
struct student
{    char num[6];
     char name[8];
     float score[3];
     float avr;
} stu[N];
int main()
{
     int i,j,maxi;
     float sum,max,average;
     for (i = 0;i < N;i++)
     { scanf("%s",stu[i].num);
       scanf("%s",_____ );
       for (j = 0;j < 3;j++)  scanf("%f",_____);
     }
     average = 0;   max = 0;    maxi = 0;
     for (i = 0;i < N;i++)
     { sum = 0;
```

```
        for (j = 0;j < 3;j++)_____  ;
        stu[i].avr = sum/3.0;
        average +=_____ ;
        if (sum> max) { max = sum;   maxi = i;     }
      }
     average/= N;
     for (i = 0;i < N;i++)
     {  printf("%5s%10s",stu[i].num,stu[i].name);
        for (j = 0;j < 3;j++)  printf("%9.2f",stu[i].score[j]);
        printf("%8.2f\n",stu[i].avr);
      }
    printf(" average =%5.2f\n",average);
    printf(" The highest score is : student %s,%s\n",stu[maxi].num,stu
[maxi].name);
    printf(" his scores are:%6.2f,%6.2f,%6.2f, average:%5.2f.\n",stu
[maxi].score[0],stu[maxi].score[1],stu[maxi].score[2],stu[maxi].
avr);
    return 0;
 }
```

2. 已建立英语课程的成绩链表,头指针为 head,其中成绩存于 score 域,学号存于 num 域,
函数 Require(head)的功能是在头指针为 head 的成绩链表中,找到并输出所有不及格学
生的学号和成绩,统计并输出补考学生人数。

```
void Require(struct student *head)
{ int cnt;
   struct student *p;
   if ( head != NULL )
   {   cnt = 0;
       _____ ;
       while (p!= NULL)
       {  if(_____)
          {   printf ("%d %.1f\n", p -> num, p -> score);
              cnt++;
          }
          _____ ;
       }
       printf ("%d\n", cnt);
   }
}
```

3. 从指定的文本文件中读出数据,并显示。

```c
#include < stdio.h >
#include < stdlib.h >
int main(void)
{ FILE *fp;
  char ch,file_read[80];
  scanf("%s",file_read);
  if((fp =_____ )== NULL)
  {   printf("打开文件失败\n");
      exit(0);
  }
  _____ ;
  while(ch != EOF)
  {   printf("%c",ch);
      _____ ;
  }
  _____ ;
  return 0;
}
```

4. 从键盘读入数据,写到指定的新文本文件中,遇到字符'@'结束读入数据。

```c
#include < stdio.h >
#include < stdlib.h >
int main(void)
{ FILE *fp;
  char ch,file_write[80];
  scanf("%s",file_write);
  if((fp =_____ )== NULL)
  {   printf("打开文件失败\n");
      exit(0);
  }
  scanf(_____ );
  while(ch !='@ ')
  {   fputc(_____ );
      scanf(_____ );
  }
  _____ ;
  return 0;
}
```

二、编程题

1. 某学生的记录由学号、8门课成绩和平均分组成,学号和8门课成绩在主函数中给出。编写函数 void fun(),求出该学生的平均分放在 ave 成员中。

```
struct student
{ char num[10];
  float a[N];
  float ave;
};
```

2. 实现函数 double avg(RECORD x[], int n),统计结构体中成绩项的平均成绩。其中 n 是结构体数组的元素个数。结构体定义如下:

```
typedef struct
{  char no[10];
   double score;
}RECORD;
```

3. 人员的记录由编号和出生年、月、日组成,N 名人员的数据已在主函数中存入结构体数组 std 中,且编号唯一。函数 struct student fun(struct student *std, char *num) 的功能是:在 std 结构体数组中找出指定编号 num 人员的数据,作为函数值返回,由主函数输出,若指定编号不存在,返回数据中的编号为空串。

```
struct student
{  char  num[10];
    int  year,month,day ;
};
```

4. 定义函数 stu fun(stu a[]),在一组学生记录中找成绩最低的学生信息,其中数组 a 里存储 N 个学生记录。

```
typedef struct student
{  int num ;
   char name[20];
   int score;
} stu;
```

5. 定义函数 void fun(struct stu *p, int n)处理结构体数组,按成绩从高到低降序排列。其中 p 是结构体数组的起始地址,n 是结构体单元个数。

```
struct stu
{  int num;
   char name[20];
   int score;
};
```

6. 本题要求实现一个函数 int countcs(struct ListNode *head),统计学生学号链表中专业为计算机的学生人数。其中 head 是传入的学生学号链表的头指针;函数 countcs 统计并返回 head 链表中专业为计算机的学生人数。

链表结点定义如下：

```
struct ListNode
{   char code[8];
    struct ListNode *next;
};
```

这里学生的学号共 7 位数字，其中第 2、3 位是专业编号。计算机专业的编号为 02。
例如：

输入样例：

```
1021202
2022310
8102134
1030912
3110203
4021205
#
```

输出样例：3

7. 本题要求实现函数 List Insert(List L, ElementType X)，L 是给定的带头结点的单链表，其结点存储的数据是递增有序的；函数 Insert 要将 X 插入 L，并保持该序列的有序性，返回插入后的链表头指针。

其中 List 结构定义如下：

```
struct Node {
    ElementType Data; /* 存储结点数据 */
    struct Node *Next; /* 指向下一个结点的指针 */
};
typedef struct Node *List; /* 定义单链表类型 */
```